高职高专"十三五"规划教材

辽宁省能源装备智能制造高水平特色专业群建设成果系列教材

王 辉 主编

Java项目化程序设计案例教程

张洪雷 孙 伟 段艳超 主编

化学工业出版社

·北京·

内容简介

全书分两篇，由 4 个项目组成。项目 1 主要讲解 Java 的功能特点和运行环境的配置；项目 2 以四则运算的一个小项目为实例，讲解 Java 程序设计的基础知识，包括基本的输入输出、常量与变量、运算符与表达式、分支结构、循环结构等内容；项目 3 以学生成绩管理系统为实例，主要讲解数组、字符串等内容；项目 4 主要讲解面向对象程序设计的相关内容，以一个完善的项目为实例进行讲解，包含类、事件、接口、线程等内容，书中还编入了大量的习题，比较适合初学者使用。

本书适合作为高职高专计算机科学与技术、计算机软件、软件工程等专业（Java 方向）的教材，也适合对 Java 程序设计感兴趣的初学者使用。

图书在版编目（CIP）数据

Java 项目化程序设计案例教程/张洪雷，孙伟，段艳超主编．—北京：化学工业出版社，2020.8

高职高专"十三五"规划教材　辽宁省能源装备智能制造高水平特色专业群建设成果系列教材

ISBN 978-7-122-37217-8

Ⅰ.①J… Ⅱ.①张… ②孙… ③段… Ⅲ.①JAVA 语言-程序设计-高等职业教育-教材　Ⅳ.①TP312.8

中国版本图书馆 CIP 数据核字（2020）第 103975 号

责任编辑：刘丽菲　　　　　　　　　　　文字编辑：林　丹　师明远
责任校对：边　涛　　　　　　　　　　　装帧设计：张　辉

出版发行：化学工业出版社(北京市东城区青年湖南街 13 号　邮政编码 100011)
印　　装：北京盛通商印快线网络科技有限公司
787mm×1092mm　1/16　印张 13¾　字数 336 千字　2021 年 2 月北京第 1 版第 1 次印刷

购书咨询：010-64518888　　　　　　　　售后服务：010-64518899
网　　址：http://www.cip.com.cn
凡购买本书，如有缺损质量问题，本社销售中心负责调换。

定　　价：39.00 元　　　　　　　　　　　　　　　　　版权所有　违者必究

辽宁省能源装备智能制造高水平特色专业群建设成果系列教材编写人员

主　　编：王　辉

副 主 编：段艳超　孙　伟　尤建祥

编　　委：孙宏伟　李树波　魏孔鹏　张洪雷

　　　　　张　慧　黄清学　张忠哲　高　建

　　　　　李正任　陈　军　李金良　刘　馥

前言

Java 是 Sun 公司推出的面向对象的计算机编程语言,特别适于 Internet 应用程序开发。Java 语言吸收了 C++语言的各种优点,摒弃了 C++里难以理解的多继承、指针等概念,因此 Java 语言具有功能强大和简单易用两个特征。Java 语言作为静态面向对象编程语言的代表,极好地实现了面向对象理论,允许程序员以简单的思维方式进行复杂的编程。同时,Java 语言还是一种跨平台的程序设计语言,可以在各种类型的计算机和操作系统上运行。Java 语言以其独有的开放性、跨平台性和面向网络的交互性风靡全球,是目前最常用的计算机编程语言之一,也是主要的网络开发语言之一。

本书以项目化案例为教学内容,全面介绍了用 Java 语言编程所需的各方面知识。本书内容由浅及深、循序渐进、图文并茂,注重理论与实际制作相结合,读者可快速入门,最终可以达到较高的水平。本书的作者由多年从事 Java 一线教学的教师和资深的 Java 项目工程师组成,将企业中实际的项目案例与教学内容进行有机融合,并总结了一套任务驱动式的教学方法。采用这种方法学习的学生将更容易掌握 Java 语言的编程方法和编程技巧。

全书分两篇,共由 4 个项目组成,前 3 个项目由面向过程的程序项目组成,主要讲解 Java 语言的基础知识,无任何程序基础的人员也可以进行学习。项目 4 属于面向对象的程序项目,以一个完善的项目为实例讲解包含类、事件、接口、线程等内容。本书由张洪雷、孙伟、段艳超主编,参加本书编写工作的还有林海峰和刘聪等。项目 1、项目 3 由段艳超编写,项目 2、任务 4.3、任务 4.4 由张洪雷编写,任务 4.1、任务 4.2 由孙伟编写,林海峰、刘聪等企业技术人员负责教学案例的设计和程序代码的校验。

由于作者水平有限,书中难免有不妥之处,恳请广大读者批评指正。

编　者
2020 年 10 月

目录

基础篇

项目 1　Java 程序向世界问好 / 002

任务 1.1　程序开发准备 / 002
　1.1.1　任务目标 / 002
　1.1.2　技术准备 / 002
　1.1.3　任务实施 / 007
　1.1.4　巩固提高 / 013
　1.1.5　课后习题 / 013
任务 1.2　编写第一个 Java 程序 / 014
　1.2.1　任务目标 / 014
　1.2.2　技术准备 / 014
　1.2.3　任务实施 / 019
　1.2.4　巩固提高 / 021
　1.2.5　课后习题 / 021

项目 2　四则运算练习小游戏 / 022

任务 2.1　Java 变量定义与输出 / 022
　2.1.1　任务目标 / 022
　2.1.2　技术准备 / 023
　2.1.3　任务实施 / 031
　2.1.4　巩固提高 / 032
　2.1.5　课后习题 / 033
任务 2.2　牛刀小试 —— 制作四则运算计算器 / 034
　2.2.1　任务目标 / 034
　2.2.2　技术准备 / 034
　2.2.3　任务实施 / 046
　2.2.4　巩固提高 / 048
　2.2.5　课后习题 / 049
任务 2.3　初试锋芒 —— 制作四则运算练习器 / 050
　2.3.1　任务目标 / 050
　2.3.2　技术准备 / 050
　2.3.3　任务实施 / 057
　2.3.4　巩固提高 / 059

2.3.5 课后习题 / 059
任务 2.4 大显身手 —— 制作四则运算小游戏 / 060
2.4.1 任务目标 / 060
2.4.2 技术准备 / 060
2.4.3 任务实施 / 063
2.4.4 巩固提高 / 066
2.4.5 课后习题 / 066

项目 3 学生成绩管理 / 067

任务 3.1 牛刀小试 —— 建立成绩数组 / 067
3.1.1 任务目标 / 067
3.1.2 技术准备 / 068
3.1.3 任务实施 / 077
3.1.4 巩固提高 / 077
3.1.5 课后习题 / 078

任务 3.2 初试锋芒 —— 建立学生数组 / 079
3.2.1 任务目标 / 079
3.2.2 技术准备 / 079
3.2.3 任务实施 / 090
3.2.4 巩固提高 / 091
3.2.5 课后习题 / 091

任务 3.3 崭露头角 —— 完成用户登录 / 092
3.3.1 任务目标 / 092
3.3.2 技术准备 / 092
3.3.3 任务实施 / 101
3.3.4 巩固提高 / 101
3.3.5 课后习题 / 101

任务 3.4 大显身手 —— 制作学生成绩管理系统 / 102
3.4.1 任务目标 / 102
3.4.2 技术准备 / 102
3.4.3 任务实施 / 106
3.4.4 巩固提高 / 110
3.4.5 课后习题 / 111

面向对象篇

项目 4 有用户界面的四则运算小游戏 / 114

任务 4.1 牛刀小试——制作用户登录界面 / 115
- 4.1.1 任务目标 / 115
- 4.1.2 技术准备 / 115
- 4.1.3 任务实施 / 168
- 4.1.4 巩固提高 / 170
- 4.1.5 课后习题 / 170

任务 4.2 初试锋芒——用户主界面的制作 / 172
- 4.2.1 任务目标 / 172
- 4.2.2 技术准备 / 172
- 4.2.3 任务实施 / 180
- 4.2.4 巩固提高 / 182
- 4.2.5 课后习题 / 182

任务 4.3 崭露头角——参数设置菜单项功能设计 / 182
- 4.3.1 任务目标 / 182
- 4.3.2 技术准备 / 183
- 4.3.3 任务实施 / 193
- 4.3.4 巩固提高 / 197
- 4.3.5 课后习题 / 197

任务 4.4 大显身手——开始游戏界面与功能完善 / 198
- 4.4.1 任务目标 / 198
- 4.4.2 技术准备 / 199
- 4.4.3 任务实施 / 202
- 4.4.4 巩固提高 / 208
- 4.4.5 课后习题 / 208

参考文献 / 210

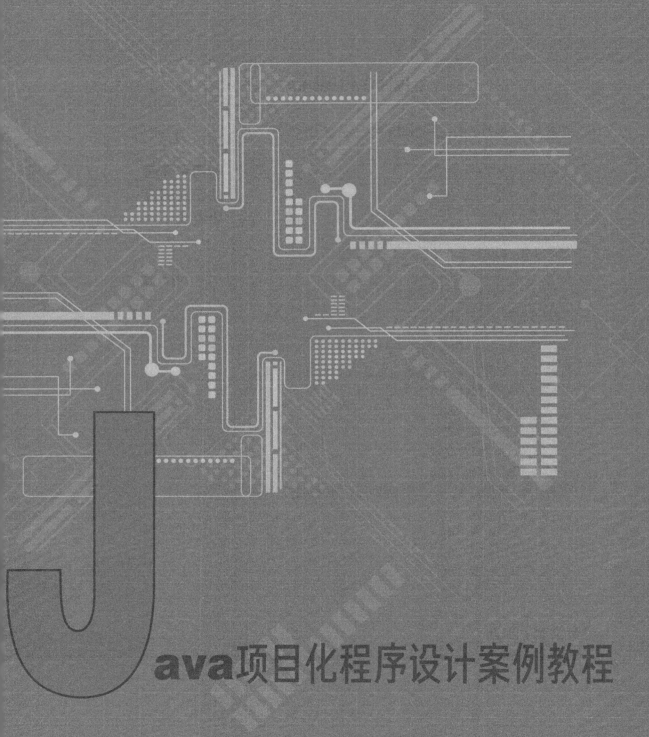

Java项目化程序设计案例教程

基础篇

项目 1
Java 程序向世界问好

【项目背景】随着网络的发展和技术的进步,"互联网+"跨界融合产业与IT技术的深入融合,各种编程语言应运而生。Java语言解决了网络的程序安全、健壮、平台无关、可移植性等多个难题,而且Java语言的应用领域非常广泛,包括信息技术、科学研究、军事工业、航天航空等领域。Java语言已成为目前最为流行的编程语言之一。

通过Java程序的输出功能向用户进行问好,打印输出"Hello World!"。

任务1.1 程序开发准备

1.1.1 任务目标

根据项目要求,本任务了解Java语言的发展与其优势,并在个人电脑上搭建Java运行的环境,并通过测试保证Java程序开发的顺利进行。

需解决问题
1. Java语言的特点是什么?
2. Java语言与其他高级编程语言相比优势有哪些?
3. Java程序的开发环境如何部署?

1.1.2 技术准备

(1) Java 的由来

通常我们知道的Java语言既是一门编程语言,也是一种网络程序设计语言。下面我们一起认识一下Java语言,了解Java的基础知识。

由于消费电子产品所采用的嵌入式处理器芯片的种类繁杂,如何让编写的程序跨平台运行是个难题。为了解决困难,研究者首先着眼于语言的开发,假设了一种结构简单、符合嵌入式应用需要的硬件平台体系结构，并为其制定了相应的规范，其中就定义了这种硬件平台的二进制机器码指令系统（即后来称为"字节码"的指令系统），以待语言开发成功后，能有半导体芯片生产商开发和生产这种硬件平台。对于新语言的设计，Sun 公司研发人员并没有开发一种全新的语言，而是根据嵌入式软件的要求，对 C++进行了改造，去除了 C++中的一些不太实用及影响安全的成分，并结合嵌入式系统的实时性要求，开发了一种称为 Oak 的面向对象的语言。由于在开发 Oak 语言时，尚不存在运行字节码的硬件平台，因此为了在开发时可以对这种语言进行实验研究，他们就在已有的硬件和软件平台基础上，按照自己所制定的规范，用软件建设了一个运行平台，整个系统除了比 C++更加简单之外，没有什么大的区别。

1992 年的夏天，当 Oak 语言开发成功后，研究者们向硬件生产商演示了 Green 操作系统、Oak 的程序设计语言、类库和其硬件，以说服他们使用 Oak 语言生产硬件芯片，但是，硬件生产商并未对此产生多大的热情。因为他们认为，在所有人对 Oak 语言还一无所知的情况下就生产硬件产品的风险实在太大了，所以 Oak 语言也就因为缺乏硬件的支持而无法进入市场，从而被搁置了下来。

1994 年 6、7 月间，在经历了一场历时三天的讨论之后，研究者们决定再一次改变努力的目标，这次他们决定将该技术应用于万维网。他们认为随着 Mosaic 浏览器的到来，因特网正在向同样的高度互动的远景演变，而这一远景正是他们在有线电视网中看到的。作为原型，帕特里克·诺顿写了一个小型万维网浏览器 WebRunner。

1995 年，互联网的蓬勃发展给了 Oak 机会。业界为了使死板、单调的静态网页能够"灵活"起来，急需一种软件技术来开发一种程序，这种程序可以通过网络传播并且能够跨平台运行。于是，世界各大 IT 企业为此纷纷投入了大量的人力、物力和财力。这个时候，Sun 公司想起了那个被搁置了很久的 Oak，并且重新审视了那个用软件编写的试验平台，由于它是按照嵌入式系统硬件平台体系结构进行编写的，因此非常小，特别适用于网络上的传输系统，而 Oak 也是一种精简的语言，程序非常小，适合在网络上传输。Sun 公司首先推出了可以嵌入网页并且可以随同网页在网络上传输的 Applet（Applet 是一种将小程序嵌入到网页中进行执行的技术），并将 Oak 更名为 Java（在申请注册商标时，发现 Oak 已经被人使用了，在想了一系列名字之后，最终使用了提议者在喝一杯 Java 咖啡时无意提到的"Java"）。5 月 23 日，Sun 公司在 Sun world 会议上正式发布 Java 和 Hot Java 浏览器。IBM、Apple、DEC、Adobe、HP、Oracle、Netscape 和微软等各大公司都纷纷停止了自己的相关开发项目，竞相购买了 Java 使用许可证，并为自己的产品开发了相应的 Java 平台。

（2）Java 概述

Java 是 Sun 公司推出的新一代面向对象的程序设计语言，特别适于 Internet 应用程序开发。Java 语言不仅吸收了 C++语言的各种优点，还摒弃了 C++里难以理解的多继承、指针等概念，因此 Java 语言具有功能强大和简单易用两个特征。Java 语言作为静态面向对象编程语言的代表，极好地实现了面向对象理论，允许程序员以优雅的思维方式进行复杂的编程。

第一，Java 作为一种程序设计语言，它简单、面向对象、不依赖于机器的结构，具有跨平台性、安全性，并且提供了多线程机制。

第二，它最大限度地利用了网络，Java 的小应用程序（Applet）可在网络上传输而不受 CPU 和环境的限制。

第三，Java 还提供了丰富的类库，使程序设计者可以很方便地建立自己的系统。

Java 语言可以编写两种程序：一种是应用程序（Application）；另一种是小应用程序（Applet）。应用程序可以独立运行，可以用在网络、多媒体等技术平台。小应用程序自己不可以独立运行，而是嵌入到 Web 网页中由带有 Java 插件的浏览器解释运行，主要使用在 Internet 上。

目前 Java 主要有 3 个版本，即 Java SE、Java EE 和 Java ME。

① Java SE（Java Platform，Standard Edition）是 Java 标准版。Java SE 以前叫做 J2SE。

主要用途：允许开发和部署在桌面、服务器、嵌入式环境和实时环境中使用的 Java 应用程序。Java SE 包含了支持 Java Web 服务开发的类，并为 Java EE 提供基础。

② Java EE（Java Platform，Enterprise Edition）是 Java 企业版。Java EE 以前叫做 J2EE。

主要用途：帮助开发和部署可移植、健壮、可伸缩且安全的服务器端 Java 应用程序。Java EE 是在 Java SE 的基础上构建的，Java EE 提供的 Web 服务、组建模型、管理和通信 API，可以用来实现企业级的面向服务体系结构（service-oriented architecture，SOA）和 Web 2.0 应用程序。

③ Java ME（Java Platform，Micro Edition）是 Java 微型版。Java ME 以前叫做 J2ME。

主要用途：J2ME 为在移动设备和嵌入式设备（比如手机、电视机顶盒和打印机）上运行的应用程序提供一个健壮且灵活的环境。

本书中主要介绍的是 Java 的标准版本 SE，它是各应用平台的基础。Java SE 可以分为 4 个主要部分：JVM、JRE、JDK 和 Java 语言。

（3）Java 语言的特性

Java 语言成为业界编程语言中最受欢迎的编程语言，具有如下特性。

① 简单性。Java 语言的结构与 C 语言和 C++类似，但是 Java 语言摒弃了 C 语言和 C++语言的许多特征，如运算符重载、多继承、指针等。Java 提供了垃圾回收机制，使程序员不必为内存管理问题而烦恼。

② 面向对象。目前，日趋复杂的大型程序只有面向对象的编程语言才能有效地实现，而 Java 就是一门纯面向对象的语言。在一个面向对象的系统中，类（class）是数据和操作数据的方法的集合。数据和方法一起描述对象（object）的状态和行为，每一对象是其状态和行为的封装。类是按一定体系和层次安排的，子类可以从父类继承行为。在这个类层次体系中有一个根类，它是具有一般行为的类。Java 程序是用类来组织的。

Java 还包括一个类的扩展集合，分别组成各种程序包（Package），用户可以在自己的程序中使用。例如，Java 提供产生图形用户接口部件的类（Java.awt 包）（这里 awt 是抽象窗口工具集，abstract window toolkit）、处理输入输出的类（Java.io 包）和支持网络功能的类（Java.net 包），Java 语言的开发主要集中于对象及其接口，它提供了类的封装、继承及多态，更便于程序的编写。

③ 分布性。Java 语言是面向网络的编程语言，它是分布式语言。Java 既支持各种层次的网络连接，又以 Socket 类支持可靠的流（stream）网络连接，所以用户可以产生分布式的客户机和服务器，而网络变成软件应用的分布运载工具。Java 应用程序可以像访问本地文件系统那样通过 URL 访问远程对象。Java 程序只要编写一次就可到处运行。

④ 可移植性。Java 语言的与平台无关性，使得 Java 应用程序可以在配备了 Java 解释器和运行环境的任何计算机系统上运行，这成为 Java 应用软件便于移植的良好基础。Java 编译程序也用 Java 编写，而 Java 运行系统用 ANSIC 语言编写。

⑤ 高效解释执行。Java 语言是一种解释型语言，用 Java 语言编写出来的程序，通过在不同的平台上运行 Java 解释器来对 Java 代码进行解释执行。Java 编译程序生成字节码（byte-code）文件，而不是通常的机器码文件。Java 字节码文件提供对体系结构中的目标文件的格式，代码设计成的程序可有效地传送到多个平台。Java 程序可以在任何实现了 Java 解释程序和运行时系统(runtime system)的系统上运行。

在一个解释性的环境中，程序开发的标准"链接"阶段大大缩小了。如果说 Java 还有个链接阶段，它只是把新类装进环境的过程，是增量式的、轻量级的过程。因此，Java 支持快速原型，容易试验，它将有利于快速程序开发。这是一个与传统的、耗时的"编译、链接和测试"形成鲜明对比的精巧的开发过程。

⑥ 安全性。Java 语言的存储分配模型是它防御恶意代码的主要方法之一。Java 语言没有指针，所以程序员不能得到隐蔽起来的内幕和伪造指针去指向存储器。更重要的是，Java 编译程序不处理存储安排决策，所以程序员不能通过查看声明去猜测类的实际存储安排。编译的 Java 代码中的存储引用在运行时由 Java 解释程序决定实际存储地址，Java 运行系统使用字节码验证过程来保证装载到网络上的代码不违背任何 Java 语言限制。这个安全机制部分包括类如何从网上装载。例如，装载的类是放在不同名字的空间而不是局部类，预防恶意的小应用程序用它自己的版本来代替标准 Java 类。

⑦ 高性能。Java 语言是一种先编译后解释的语言，所以它不如全编译性语言快。但是有些情况下性能是很要紧的，为了支持这些情况，Java 设计者制作了"及时"编译程序，它能在运行时把 Java 字节码文件翻译成特定 CPU 中央处理器的机器代码，也就是实现全编译了。

Java 字节码文件格式设计时考虑到这些"及时"编译程序的需要，所以生成机器代码的过程相当简单，它能产生相当好的代码。

⑧ 多线程。Java 是多线程的语言，它提供支持多线程的执行（也称为轻便过程），能处理不同任务，使得具有线程的程序设计变量非常容易。Java 的 lang 包提供一个 Thread 类，它支持开始线程、运行线程、停止线程和检查线程状态的方法，Java 语言的线程支持也包括一组同步原语，这些原语是基于监督程序和条件变量的。

多线程实现了使应用程序可以同时进行不同的操作，处理不同的事件，互不干涉，很容易地实现了网络上的实时交互操作。

⑨ 动态性。Java 语言具有动态特性。Java 动态特性是其面向对象设计方法的扩展，允许程序动态地调整服务器端库中的方法和变量数目，而客户端无须进行任何修改。这是 C++ 进行面向对象程序设计所无法实现的。Java 语言适用于变化的环境。例如，Java 语言中的类是根据需要载入的，甚至有些是通过网络获取的。

（4）Java 语言的核心技术

Java 语言的核心技术就在于它提供了跨平台性和垃圾回收机制。Java 语言的跨平台性主要是由 JDK 中提供的 Java 虚拟机来实现的。

① Java 的虚拟机。Java 虚拟机（Java Virtual Machine，JVM）是一种用于计算设备的规范，它是一个虚构出来的计算机，是通过在实际的计算机上仿真模拟各种计算机功能来实现的。

Java 语言的重要特点是与平台无关性，而 Java 虚拟机是实现这一特点的关键。一般的高级语言如果要在不同的平台上运行，至少需要编译成不同的目标代码。而引入 Java 虚拟机后，

Java语言在不同平台上运行时不需要重新编译。Java语言使用Java虚拟机屏蔽了与具体平台相关的信息,使得Java语言编译程序只需要生成在Java虚拟机上运行的目标代码(字节码),就可以在多种平台上不加修改地运行。Java虚拟机在执行字节码文件时,把字节码文件解释成具体平台上的机器指令执行。这就是Java能够"一次编译,到处运行"的原因。

② 垃圾回收机制。垃圾回收机制是Java语言的一个显著特点,使C++程序员最头疼的内存管理问题迎刃而解,Java程序员在编写程序时不再需要考虑内存管理。由于有个垃圾回收机制,Java语言中的对象不再有"作用域"的概念,只有对象的引用才有"作用域"。垃圾回收可以防止内存泄漏,有效地使用内存。垃圾回收器通常是作为一个单独的低级别的线程运行,在不可预知的情况下对内存堆栈中已经死亡的或者长时间没有使用的对象进行清除和回收,而程序员不能实时地调用垃圾回收器对某个对象或所有对象进行垃圾回收。垃圾回收机制有分代复制垃圾回收、标记垃圾回收、增量垃圾回收。

Java程序员不用担心内存管理,因为垃圾回收器会自动进行管理。要请求垃圾回收时,可以调用下面的方法之一:

a. System. gc();
b. Runtime. getRuntime(). gc();

(5)Java语言的工作原理

Java程序的运行必须经过编写、编译和运行3个步骤。

① 编写是指在Java开发环境中编写代码,保存成后缀名为.java的源文件。

② 编译是指用Java编译器对源文件进行编译,生成后缀名为.class的字节码文件,不像C语言那样生成可执行文件。

③ 运行是指使用Java解释器将字节码文件翻译成机器代码,然后执行并显示结果。

Java程序运行流程如图1-1所示。

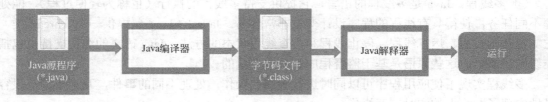

图1-1 Java程序运行流程

字节码文件是一种二进制文件,它是一种与机器环境及操作系统无关的中间代码,是Java源程序由Java编译器编译后生成的目标代码文件。编程人员和计算机都无法直接读懂字节码文件,它必须由专用的Java解释器来解释执行。

Java解释器负责将字节码文件解释成具体硬件环境和操作系统平台下的机器代码,然后再执行。因此,Java程序不能直接运行在现有的操作系统平台上,它必须运行在相应操作系统的Java虚拟机上。Java虚拟机是运行Java程序的软件环境,Java解释器是Java虚拟机的一部分。运行Java程序时,首先启动Java虚拟机,由Java虚拟机负责解释执行Java的字节码(.class)文件,并且Java字节码文件只能运行在Java虚拟机上。这样利用Java虚拟机就可以把Java字节码文件与具体的硬件平台及操作系统环境分割开来,只要在不同的计算机上安装了针对特定具体平台的Java虚拟机,Java程序就可以运行,而不用考虑当前具体的硬件及操作系统环境,也不用考虑字节码文件是在何种平台上生成的。Java虚拟机把在不同硬件平台上的具体差别隐藏起来，从而实现了真正的跨平台运行。Java 的这种运行机制如图 1-2 所示。

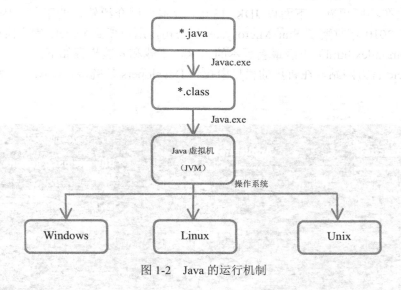

图 1-2 Java 的运行机制

Java 语言采用"一次编译，到处运行"的方式，有效地解决了目前大多数高级程序设计语言需要针对不同系统来编译产生不同机器代码的问题，即硬件环境和操作平台异构问题。

1.1.3 任务实施

（1）JDK 简介

JDK（Java Development Kit）是 Java 语言的软件开发工具包，主要用于 Java 平台上发布的应用程序、Applet 和组件的开发，即编写和运行 Java 程序时必须使用 JDK，它提供了编译和运行 Java 程序的环境。

搭建 Java 开发环境

JDK 是整个 Java 应用程序开发的核心，它包含了完整的 Java 运行时环境（Java Runtime Environment，JRE），也被称为 private runtime，还包括用于产品环境的各种库类，以及给程序员使用的补充库，如国际化的库、IDL 库。JDK 中还包括各种例子程序，用以展示 Java API 中的各部分。

JDK 作为实用程序，它的工具库中主要包含 9 个基本组件。

javac：编译器，将 Java 源程序转成字节码文件。

java：运行编译后的 Java 程序（后缀名为.class 的文件）。

jar：打包工具，将相关的类文件打包成一个 jar 包。

javadoc：文档生成器，从 Java 源代码中提取注释生成 HTML 文档。

jdb：Java 调试器，可以设置断点和检查变量。

appletviewer：小程序浏览器，一种执行 HTML 文件上的 Java 小程序的 Java 浏览器。

javah：产生可以调用 Java 过程的 C 过程，或建立能被 Java 程序调用的 C 过程的头文件。

javap：Java 反汇编器，显示编译类文件中的可访问功能和数据，同时显示字节代码的含义。

jconsole：Java 进行系统调试和监控的工具。

（2）JDK 安装

搭建 Java 运行环境，首先下载 JDK，然后安装。对 JDK 来说，随着时间的推移，JDK 的版本也在不断更新，下面以 JDK 13.0.1 版本为例介绍软件的下载。因 Oracle（甲骨文）公司在 2010 年收购了 Sun Microsystems 公司，所以要到 Oracle 官方网站（https://www.oracle.com/index.html）下载最新版本的 JDK，下载和安装步骤如下。

打开 Oracle 官方网站，在首页的栏目中找到 Developers 超链接，如图 1-3 所示。

图 1-3　Oracle 官网 Developers 超链接

单击 Developers 超链接，进入 Java 链接的页面，然后进入 Java SE Download 链接页面，如图 1-4、图 1-5 所示。

图 1-4　Oracle 官网 Java 超链接

单击 Download 页框下的 Java SE 13.0.1 按钮，进入下载页面，这里我们以 Java SE 13 版本为例，如图 1-6、图 1-7 所示。

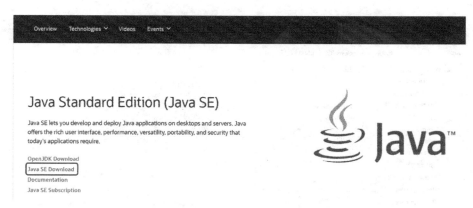

图 1-5　Java SE Download 页面

图 1-6　Java SE Download 链接

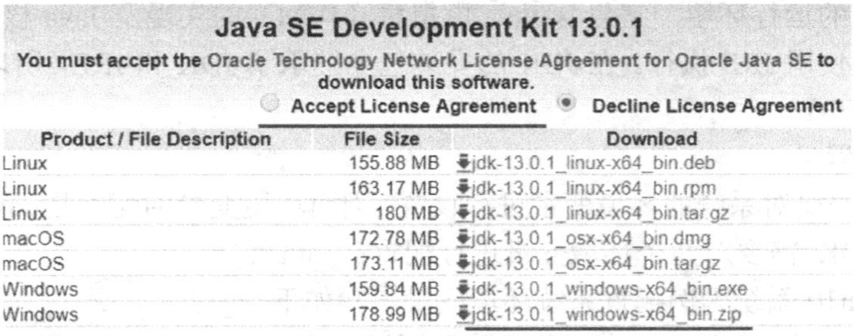

图 1-7　JDK 下载列表

在下载页面中选择适合系统的版本进行下载，其中有 Windows、Linux、MacOS 等平台的不同环境 JDK 的下载，如图 1-7 所示，下载时注意选中"Accept"（接受）按钮。

下载完成后将其解压至 C:\根目录下，如图 1-8 所示，exe 文件类型是安装版本的 JDK，zip 是免安装版本的 JDK。

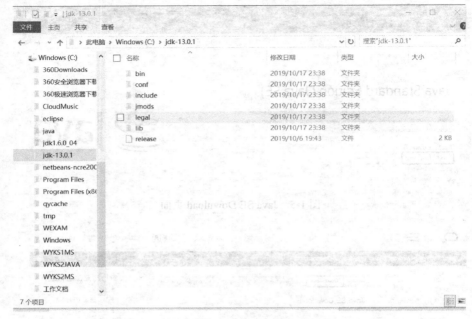

图 1-8 JDK 目录

JDK 的安装目录下有许多文件和文件夹，其中重要的目录和文件的含义如下：

bin：提供 JDK 开发所需要的编译、调试、运行等工具，如 javac、java、javadoc、appletviewer 等可执行程序。

db：JDK 附带的数据库。

include：存放用于本地访问的文件。

jre：Java 运行时的环境。

lib：存放 Java 的类库文件，即 Java 的工具包类库。

src.zip：Java 提供的类库的源代码。

JDK 是 Java 的开发环境。JDK 对 Java 源代码进行编译处理，它是为开发人员提供的工具。JRE 是 Java 的运行环境。它包含 Java 虚拟机（JVM）的实现及 Java 核心类库，编译后的 Java 程序必须使用 JRE 执行。在 JDK 的安装包中继承了 JDK 和 JRE，所以在安装 JDK 的过程中提示安装 JRE。

（3）JDK 配置

JDK 的使用需要对系统的环境变量进行设置，因而环境变量的配置是 Java 程序编译运行的前提。使用 JDK 需要对两个环境变量进行配置：path 和 classpath。以 Win10 系统为例配置系统环境变量步骤如下。

① 配置 path 环境变量。选中"此电脑"图标，单击鼠标右键，在弹出的快捷菜单中选中"属性"命令，如图 1-9 所示，打开"系统"窗口。

在弹出的窗口中选择"高级系统设置"选项，如图 1-10 所示，打开"系统属性"对话框。

在"系统属性"对话框中选择"环境变量"按钮，弹出"环境变量"对话框，如图 1-11 所示。

图 1-9 "此电脑"快捷菜单

项目 1　Java程序向世界问好

图 1-10　"系统"窗口

在"环境变量"对话框中的"系统变量"列表中找到"Path",然后选择"编辑"按钮,弹出"编辑环境变量"对话框,如图 1-12 所示。

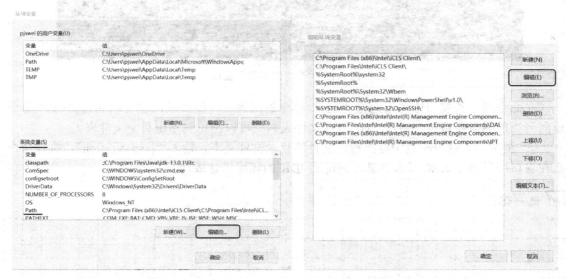

图 1-11　"环境变量"对话框　　　　　　图 1-12　"编辑环境变量"对话框

在"编辑环境变量"对话框中,单击"新建"按钮,输入 JDK 安装目录中 bin 文件夹的路径地址,单击"确定"按钮,完成 path 变量的配置。

② 配置 classpath 环境变量。在"系统变量"列表中单击"新建"按钮,弹出"新建系统变量"对话框,变量名中输入"classpath",变量值中输入"."和 JDK 安装目录中 lib 文件夹的路径地址,值间使用英文的";"间隔,如图 1-13 所示,单击"确定"按钮,完成 classpath 环境变量的配置。

（4）测试 JDK

JDK 安装、配置完成后，可以测试其是否能够正常运行，具体操作步骤如下。

① 在系统"开始"菜单中输入"cmd"命令，如图 1-14 所示，打开"命令提示符"窗口，如图 1-15 所示。

图 1-13 "新建系统变量"对话框　　　　图 1-14 "开始"菜单运行 cmd 命令

图 1-15 "命令提示符"窗口

在命令提示符窗口中可以通过"cd.."命令返回到上一级目录，也可以通过"cd/"命令返回到当前磁盘根目录，通过"cd 目录文件夹名"可以浏览到指定目录文件夹。

② 浏览到计算机磁盘中存放程序文件的目录文件夹下，输入"java -version"，执行命令后在窗口中显示了 JDK 版本信息，则说明 JDK 的环境搭建成功。

📝 记一记：

1.1.4 巩固提高

在 Java 的开发环境中除了上述的 JDK 版本，还有 1.5、1.6、1.8 等多个版本，我们可以在官方平台上多了解学习 JDK 版本之间的区别，以便于更好地在实际应用中掌握程序编码的运用。例如：

（1）JDK1.6 的新特性

① 增强的 for 循环语句。

② 监视和管理。Java SE 6 中对内存泄漏增强了分析以及诊断能力。当遇到 java.lang.OutOfMemory 异常的时候，可以得到一个完整的堆栈信息，并且当堆已经满了的时候，会产生一个 Log 文件来记录这个致命错误。另外，JVM 还添加了一个选项，允许在堆满的时候运行脚本。

③ 插入式注解处理。插入式注解处理 API(JSR 269)提供一套标准 API 来处理 Annotations。

④ 安全性。

（2）JDK1.7 的新特性

① 模块化特性。Java7 也是采用了模块的划分方式来提速，一些不是必须的模块并没有下载和安装，当虚拟机需要的时候，再下载相应的模块，同时对启动速度也有了很大的改善。

② 多语言支持。Java7 的虚拟机对多种动态程序语言增加了支持，比如：Rubby、Python 等。

③ 开发者的开发效率得到了改善。switch 中可以使用字符串在多线程并发与控制方面：轻量级的分离与合并框架，支持并发访问的 HashMap 等。通过注解增强程序的静态检查。提供了一些新的 API 用于文件系统的访问、异步的输入输出操作、Socket 通道的配置与绑定、多点数据包的传送等。

（3）执行效率的提高

对象指针由 64 位压缩到与 32 位指针相匹配的技术使得内存和内存带块的消耗得到了很大的降低因而提高了执行效率。提供了新的垃圾回收机制（G1）来降低垃圾回收的负载和增强垃圾回收的效果。

1.1.5 课后习题

1. 下列选项中，不属于 Java 语言特点的是（　　）。
   A. 面向对象、解释型　　　　　　　B. 支持指针操作和多继承
   C. 多线程、解释型　　　　　　　　D. 简单、安全高效

2. 下列选项中，正确的是（　　）。
   A. Java 平台有三种：Java SE，Java ME 和 Java EE
   B. Java 支持指针运算
   C. Java 的内存回收只能由应用程序完成
   D. Java 通过使用 extends 关键字实现多重继承

3．下列关于 Java 可移植性的选项中，不正确的是（　　）。
A．只有 Java 程序具有可移植性，C++程序完全不具有可移植性
B．Java 可移植性的基础之一是半编译半解释的特征
C．Java 可移植性的基础之一是采用独立于硬件平台的数据类型
D．Java 的 class 字节码可以在安装了 Java 解释器的任何机器上运行
4．下列关于 Java 安全性的描述中，错误的是（　　）。
A．Java 程序的内存布局由编译器决定
B．Java 的内存回收可以由 JVM 完成
C．Java 取消了指针类型
D．Java 字节码在运行前需要经过验证
5．关于 Java 特性不包括（　　）。
A．平台无关性　　　B．简单、高效　　　C．面向对象　　　D．复杂性

任务1.2　编写第一个 Java 程序

1.2.1　任务目标

根据项目要求，本任务需要先搭建 Java 运行的环境，然后在编辑器中书写 Java 程序，经过 JDK 工具编译执行后实现项目功能。

需解决问题
1. 命令提示符的基本应用。
2. 常用的命令提示符命令有哪些？
3. Java 程序的编辑、编译与运行。

1.2.2　技术准备

1.2.2.1　命令提示符

DOS 操作系统是计算机操作系统中的早期版本，在很长的一段时间内操作者对计算机发出操作指令是通过 DOS 命令来实施的。随着操作系统革命，Windows 等图形化操作系统的出现，通过图形化界面来发布任务指令越加便捷，但是在很多领域的工作实施过程中还是需要依赖 DOS 命令来进行任务的部署，例如：网络设备、网络服务器的安装部署，网络执行命令以及程序编译命令等。为了更好地在系统应用中使用 DOS 命令，现行的 Windows 系列以及更多的操作系统中集成了命令提示符，用户可以在 Windows 系统下运行 DOS 命令。

命令提示符是在操作系统中，提示进行命令输入的一种工作提示符。在不同的操作系统环境下，命令提示符各不相同。在 Windows 环境下，命令行程序为 cmd.exe，是一个 32 位的命令行程序，微软 Windows 系统基于 Windows 上的命令解释程序，类似于微软的 DOS 操作系统。本节以 Windows 操作系统为例，介绍命令提示符中的命令行操作。

（1）启动命令提示符的方法

在 Windows 操作系统中命令提示符的使用需要在命令提示符窗口中来进行，而打开命令

提示符窗口的常用方法有两种。

① 使用开始菜单。在 Windows7 操作系统中打开计算机【开始】菜单→"所有程序"→"附件"→"命令提示符"命令，启动命令提示符窗口。

如果在 Windows10 操作系统中则打开【开始】菜单，在弹出的"程序"列表中选择"Windows系统"→"命令提示符"命令，启动命令提示符窗口。

② 使用 CMD 命令。在【开始】按钮上单击鼠标右键，在弹出的快捷菜单中选择"运行"命令，弹出"运行"对话框，如图 1-16 所示。在对话框中键入"cmd"命令，或者打开开始菜单时直接键入"cmd"命令，如图 1-14 所示，选择"命令提示符"打开"命令提示符"窗口，如图 1-15 所示。

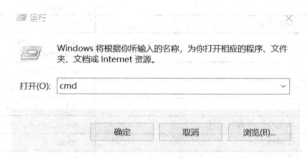

图 1-16 "运行"对话框

（2）命令提示符命令

在命令提示符窗口中，执行操作需要通过规定的操作指令来完成，例如在命令提示符窗口中进行磁盘之间的切换命令为盘符加"冒号"，按【Enter】键执行，如：D:✓（✓表示回车键）。命令提示符常用命令说明如表 1-1 所示，在命令提示符的命令中涉及的标点符号一定要使用英文标点符号对于在图形界面中的复制的命令或文字可以在提示符命令窗口的命令行中使用鼠标右键进行粘贴。

表 1-1 命令提示符功能一览表

类别	功能	命令
功能键	帮助，查找命令指令与功能说明	help
	清除当前命令行	Esc
	显示命令历史记录，以图形列表窗的形式给出所有曾经输入的命令，并可用上下箭头键选择再次执行该命令	F7
	显示命令历史记录，以图形列表窗的形式给出所有曾经输入的命令，并可用上下箭头键选择再次执行该命令	F8
	按编号选择命令，以图形对话框方式要求您输入命令所对应的编号（从 0 开始），并将该命令显示在屏幕上	F9
	删除光标左边的一个字符	Ctrl+H
	强行中止命令执行	Ctrl+C
	截取屏幕上当前命令窗里的内容	Alt+PrintScreen
	切换最近执行的命令	方向键 ↑、↓

续表

类别	功能	命令
文件目录	盘符切换	盘符:,如 D:
	进入目录	cd 文件目录,如 cd Users\mr
	返回上一级目录	cd..
	返回上两级目录	cd /..
	返回磁盘根目录	cd/
	显示文件和目录由根目录开始的树形结构	tree
	创建一个目录	md 或 mkdir 目录名,如 mkdir test
	同时创建两个目录	md 或 mkdir 目录名,如 md test1 test2
	删除一个目录	rd 或 rmdir 目录名,如 rd test
	显示目录中内容	dir
	文件或目录重命名	ren 或 rename 文件名 1 文件名 2,如 ren one.txt two.bat
	拷贝文件	copy 或 xcopy,如 copy one.txt d:\dir
	移动文件	move,如 move two.bat d:\dir
	删除文件	del 文件名,如 del one.txt
	显示文本文件的内容	type 文件名,如 type one.txt
	显示文件属性	attrib
	在一个或多个文件中搜索一个文本字符串	find
网络管理	查看已经启动的服务	net start
	查看当前用户下的共享目录	net share
	取消共享状态	net share 共享名 delete,如取消名为 workFile 的共享状态 net share workFile /delete
	查看当前机器上的用户	net user
	用于检测网络是否通畅,以及网络时延情况	ping 网络地址,如 ping baidu.com,ping 10.12.100.103
	查看本地 IP 地址等详细信息	ipconfig/ ipconfig /all
	查看开启的端口	netstat -a
	查看端口的网络连接情况	netstat -n
	显示出 IP 路由	route print
	远程登录管理计算机	telnet
其他常用指令	清除屏幕	cls
	逐屏显示	mor
	设置控制台的前景和背景颜色	color,如将背景色设为黑色,将字体设为绿色 color 02
	显示或设置系统日期	date
	显示或设置系统时间	time
	运行某程序或命令	start,如启动计算器 start calc.exe
	显示或配置磁盘分区属性	diskpart
	格式化磁盘	format 盘符,如 format e:
	显示、设置或删除 Windows 环境变量	Set,如 set path=……
	显示系统版本	ver
	退出提示符窗口	exit
	注销当前用户	logoff
	关闭、重启、注销、休眠计算机	shutdown

1.2.2.2 JDK 常用提示符命令

在上节内容我们介绍了 Java 编译工具 JDK 配置后在命令提示符窗口中如何测试平台配置是否正确，那么在对于 Java 语言相关程序的编译和运行如何在命令提示符窗口中进行命令的应用呢？Java 程序包含两类，一种是 Java Application，另一种是 Java Applet。Application 是独立程序，与其他高级语言编写的程序相同，可以独立运行。应用程序能够在任何具有 Java 解释器的计算机上运行。Applet 是一种特殊的 Java 程序，它需要在兼容 Java 的 Web 浏览器中运行。Java Applet 嵌入 HTML 页面中，以网页形式发布到 Internet。在学习过程中主要介绍 Java Application。下面将讲解在不同类型的程序使用 JDK 在命令提示符窗口中的命令操作过程。

（1）Java 应用程序（Application）

Java 程序的执行过程是先对 Java 源程序文件（扩展名为.java 的程序文件）进行编译，产生字节码文件（扩展名为.class），然后再由 JDK 进行执行。在这个过程中在命令提示符窗口中的操作步骤是先要将操作命令行切换到 Java 源程序所在的文件目录，例如 C:\study\（通过 CD 命令进入到指定的文件夹），在该命令行中键入"javac 程序文件.java"，在编译过程中是对程序中代码进行调试，检查是否有错误，如果有错将产生出错信息，如图 1-17 所示，在编译中程序没有错误就会在同一目录下生成.class 的字节码文件。

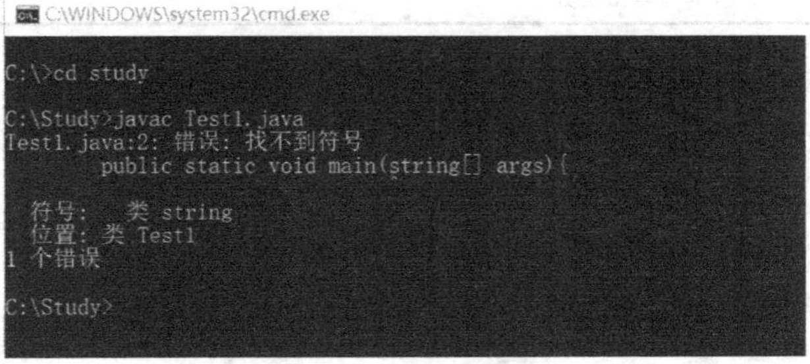

图 1-17　编译出错提示

在 javac 命令后也可以使用相对应的参数进行指定的操作，例如 javac -d test Test1.java，是将 Test1 源程序文件编译后的字节码文件存储到 test 文件夹中，其他常用的参数说明如表 1-2 所示。

表 1-2　javac 命令常用参数功能表

参数	参数说明
-d	用来指定存放编译生成的.class 文件的路径
-g	生成所有调试信息
-nowarn	不生成任何警告
-h	指定放置生成的本机标头文件的位置
-version	版本信息
-help	输出标准选项的提要

编译产生字节码文件后，在命令行中键入"java 字节码文件的主文件名"，例如 Test1 的源程序文件产生字节码文件为 Test1.class，则执行该文件的命令为"java Test1"。当然这种命

令行的执行是指字节码文件与 Java 源程序文件在同一个目录下的执行方法,如果在进行编译时使用了 "-d" 参数,在指定目录中存储了字节码文件,这时就需要在执行 java 命令之前将命令行目录切换到字节码文件所在目录;而如果在 Java 源程序文件中使用了 package 对代码进行了打包(package 的内容将会在后续章节中进行介绍),这时在执行 java 命令时也需要在 java 命令后输入包的目录执行字节码文件,例如 "java com/test/Test1"。

"javac" 与 "java" 两个命令分别对应的是 Java 程序的编译与执行,两条命令完成了一个 Java 程序的整个运行过程,在命令提示符窗口中我们还可以通过 "javap" 命令来深入了解 java 编译器的有关机制,命令格式为 "javap 参数 类文件名",参数说明如表 1-3 所示。

表 1-3 javac 命令常用参数功能表

参数	功能说明	参数	功能说明
-help	输出此用法消息	-c	对代码进行反汇编
-version	版本信息	-s	输出内部类型签名
-v/-verbose	输出附加信息	-sysinfo	显示正在处理的类的系统信息
-l	输出行号和本地变量表	-constants	显示最终变量
-public	仅显示公共类和成员	-classpath	指定查找用户类文件的位置
-protected	显示受保护的/公共类和成员	-cp	指定查找用户类文件的位置
-package	显示程序包/受保护的/公共类和成员	-bootclasspath	覆盖引导类文件的位置
-p/-private	显示所有类和成员		

(2) Java 小应用程序(Applet)

Applet 可以在兼容的 web 页面中显示运行程序,通常情况下是在编写的网页文件 html 中嵌入.class 文件,例如网页中 html 代码为:

```
<applet code="TestApplet.class" WIDTH=200 HEIGHT=150>
</applet>
```

这里需要注意的是 html 文件和.class 文件需要放到同一个目录下,这时可以通过运行网页文件来展现 Applet 的程序功能。

如果字节码文件没有嵌入到网页文件中,在命令提示符窗口中则需要通过 appletviewer 命令来运行,如:appletviewer TestApplet。

1.2.2.3 创建 Java 程序

了解学习了 Java 的开发环境与运行的工具,我们就要开启学习 Java 程序的基础并逐步开启编码之旅了。Java 程序的编辑工具最基本的就是使用操作系统中的记事本工具了,当然为了提升开发者的编码效率,还有很多编辑软件,作为初学者,在这里我们先以记事本工具向大家介绍 Java 源程序文件的建立过程。首先我们必须要了解 Java 程序的基本框架,Java 程序是由类来构成的,对于一个 Java 程序只能有一个类包含主函数,我们将这个类称为主类,这个类也是程序运行的入口,Java 程序的基本框架如下。

```
修饰符 class 类名{                              //修饰符可以是public、private 等,修饰符可以省略
                                              类名首字母大写
    public static void main(String args[]){    //称为主函数或主方法,内容格式是固定不变的
        语句或语句块;                            //实现程序功能的语句内容
    }
}
```

当一个 Java 程序由多个类构成时，使用 public 关键词修饰类时，只能有一个类使用 public 来修饰，程序框架如下。

```
public class Test1{
    public static void main(String args[]){
        语句或语句块;
    }
}
class Test2{
    ……
}
class Test3{
    ……
}
```

在记事本文件中按如上代码框架编辑代码（即写入代码），并填充相应的功能语句，就需要将该文件存储为扩展名为".Java"的源程序文件，通过另存为命令将文件类型选择为"所有文件"，文件名为类名.java 文件，例如 Test1.java。

这里需要说明的是如果该程序只有一个类构成，则程序文件的名字要看 class 关键词前面的修饰符，如果使用 public 来修饰的，则文件名必须与类名一致。例如代码段内容为"public class Test{……}"，则 Java 程序与文件名必须为"test.java"，因为操作系统的命名规则与文件名的字母大小写无关，此时在编译程序时命令为"javac test.java"。而 class 关键词之前没有使用 public 修饰，源程序文件的名字可以自定义，例如代码段内容为"class Test{……}"，则 Java 程序文件名可以是"test.java"，也可以是"example.java"，等，在编译程序时的 javac 命令后是 Java 程序的文件名，如"javac test.java""javac example.java"等，这里主要是看文件的名称，经过编译后产生的字节码文件一定是程序代码中类的名称，也就是"Test.class"，所以在执行程序时的命令为"java Test"，这里要求类名必须和代码中的类名一致，也就是要注意大小写。一般情况下，我们在对 Java 程序进行存储时，无论类是否使用了 public 修饰符进行修饰定义，我们一般都建议大家程序文件名与类名一致。

对于一个程序文件由多个类来构成的情况下，Java 程序的文件名是由包含主函数（也称为主方法）的类名来决定的，例如上面介绍的框架例子，保存的文件名则为"test1.java"，该程序经过编译后将会把每个类都编译产生一个字节码文件（即 3 个，分别为 Test1.class、Test2.class、Test3.class），前面介绍了包含主函数的类是程序运行的入口，所以在执行程序时则要执行主类，也就是"java Test1"。

1.2.3 任务实施

编写第一个向世界问好的 Java Application 步骤如下。

（1）使用记事本，输入如下代码后保存为 Test1.java，保存类型为所有文件。

剖析第一个 Java 程序

```
public class Test1{
    public static void main(String args[]){
        System.out.println("Hello World!");
    }
}
```

（2）保存文件后，在命令提示符窗口中的 Test1.java 文件目录下执行"javac Test1.java"，编译通过后在 Java 源文件同级目录下生成了一个 Test1.class 的字节码文件，如果编译有错误，修改源文件保存后重新进行编译。

例如：将 Java 源程序文件保存在 C:\study\java 文件夹中，首先在【开始】菜单中键入"cmd"命令，弹出"命令提示符"窗口，如图 1-15 所示，在命令提示符下输入"cd C:\study\java"命令，浏览到 Java 源程序所在目录，然后输入 javac Test1.java，执行命令如图 1-18 所示。

图 1-18　编译 Java 源程序

（3）然后再使用"java Test1"命令运行程序，在命令提示符窗口中显示"Hello World！"，如图 1-19 所示。

图 1-19　执行 Java 程序

代码中 class 是 Java 程序中定义类的关键字，类是 Java 程序的基本构成单位，也就是说 Java 程序是由类来构成的。

public static void main(String args[])方法是程序中的主方法，是 Java 程序执行的入口。在 Java 程序中只能包含唯一的一个主方法 main()，public 修饰类或方法的访问权限为公共的，static 修饰主方法为静态类方法，void 定义主方法是无返回值的。无论在任何程序中主方法的格式不变。

📝 记一记：

1.2.4 巩固提高

在 Java 程序设计开发过程中，开发者为了能够提升程序开发的效率，研发了多款适应 Java 程序编辑的工具，例如 Eclipse、MyEclipse、EditPlus、UltraEdit 等。其中 Eclipse 是一个开放源码的项目，是著名的跨平台的自由集成开发环境（IDE），最初主要用来 Java 语言开发，后来通过安装不同的插件 Eclipse 可以支持不同的计算机语言，比如 C++ 和 Python 等开发工具。关于 Eclipse 工具的使用，推荐到相关网站学习了解。

编写实现程序功能，输出以下信息：

```
****************************
** Welcome To Java!      *
****************************
```

1.2.5 课后习题

1. 下列选项中，能够运行 java 字节码的命令是（   ）。
   A．javac   B．javap   C．java   D．appletviewer
2. 若某个 Java 程序的主类是 MyClock，那么该程序的源文件名应该是（   ）。
   A．MyClock.java   B．myClock.java   C．myclock.class   D．MyClock.class
3. 若某个 Java 程序的主类是 MyTest，那么该程序的源文件名就一定是（   ）。
   A．MyTest.java   B．MyTest.java   C．MyTest.class   D．MyTest.class
4. Java 程序经过编译后会生成一个字节码文件，该文件的扩展名为（   ）。
   A．.java   B．.doc   C．.class   D．.txt
5. 在 Windows 操作系统中启动命令提示符窗口的命令是（   ）。
   A．CMD   B．PING   C．DEL   D．CLS

项目 2
四则运算练习小游戏

【项目背景】通过项目一的完成，大家对于 Java 已经有了初步的认识，也编写了第一个 Java 程序，并进行了调试和运行，接下来我们还将进一步学习使用 Java 编写程序的方法。本项目以制作四则运算练习的小游戏为例，主要讲解 Java 的基本结构常量、变量、运算符、表达式、三种程序结构等相关的内容。

子任务名称	主要知识点
1. Java 变量定义与输出	常量、变量、标识符、输出语句
2. 制作四则运算计算器	表达式、输入语句、输出格式控制、分支语句、多分支语句
3. 制作四则运算练习器	随机数
4. 制作四则运算小游戏	循环语句

任务2.1　Java 变量定义与输出

2.1.1　任务目标

本任务主要讲解 Java 程序设计的基本语句和基本结构，并编写一个 Java 程序，程序功能为定义两个数，并通过多种方式输出这两个数的和。

需解决问题
1. Java 程序的基本结构有哪些内容？
2. Java 程序的常量和变量是什么，如何使用？
3. Java 程序中的变量如何定义，如何赋值？
4. Java 程序如何进行输出？

2.1.2 技术准备

2.1.2.1 Java 程序的基本结构

Java 源程序主要由 5 部分组成：package 语句、import 语句、类、方法和语句。

① package 语句。package 语句用来定义该程序所属的包，该语句必须位于程序的最前面，且每个程序只允许使用一条 package 语句。如果忽略该语句，则程序属于默认包。

② import 语句。import 语句用来导入类，以便在程序中使用。该语句必须位于类定义之前，并且可以多次使用，导入多个类。

③ 类（class）。类是整个源程序的核心部分，也是编写程序的地方。一个源程序文件至少要有一个类，也可以有多个类。每个类的内容是用一对大括号括起来的。每个类都有不同的名字，但是程序的文件名必须和程序主类的名字相同。主类是指 main()方法所在的类。

class 是类的定义字，其后是类的名称，public 表示此类是公开的，其他程序也可以调用。类的定义格式为：

```
public class 类名
{
语句体
}
```

④ 方法。每个 Java 应用程序都要有且只有一个 main()方法，它是程序运行的开始点。main()方法的格式永远都是 public static void main(String args[])。除了 main()方法外，我们还可以在程序中定义其他方法，以完成指定的功能。

在方法的内部不可以再定义其他方法，但是可以调用其他方法。

⑤ 语句。类或者方法中的语句体是由一条条以分号结尾的语句组成的。语句是 Java 程序的基本单位之一，是程序具体操作的内容。每条语句各占一行，以分号结尾。语句包括赋值语句、变量定义语句、输入输出语句、注释语句等，后文将一一讲解。

注意：Java 语言是严格区分大小写的，所以在书写语句时，一定要注意大小写不能混淆。

举个例子说明一下上面的内容。

【例 2.1】输入一个数，再输出这个数。

```java
package book;                                    //package 语句
import java.util.Scanner;
    //import 语句,引入了 Scanner 类,用于完成数据的输入
public class Demo2_1 {                           //定义类,类名必须和文件名相同
    public static void main(String[] args) {
        //定义 main()方法,可运行的 Java 程序必须要有一个 main()方法
        int i;                                   //变量定义
        Scanner sc=new Scanner(System.in);
        //实例化一个 Scanner 对象,对象名为 sc,可使用 sc 对象输入数据
        i=sc.nextInt();                          //通过键盘输入一个整数,并赋值给变量 i
        System.out.println("输入的数是："+i);    //输出语句
    }
}
```

注意：

① Java 严格区分大小写，如本例中出现大写字母的单词有：String、Scanner、nextInt、System 等，输入时一定要注意。

② public class 后面的标识符是类名，类名的首字母一般大写，类名和 Java 的文件名必须相同。

③ Java 语句必须以分号结尾，程序中出现的所有符号均为英文符号。

④ Java 程序总是从 main() 函数开始运行。

2.1.2.2 常量与变量

（1）数据类型

使用计算机语言编程的主要目的是处理数据，根据处理数据的内容不同，Java 语言将数据分成普通型数据和对象型数据两大类。

普通型数据又可以分为整数类型、浮点类型、布尔类型和字符类型 4 种。

① 整数类型：不含小数点的数字为整数类型数据，例如-124、948、23、0 等。整数类型又根据数据所占内存的容量和表达数字的范围分为字节型（byte）、短整型（short）、整型（int）和长整型（long）4 种。

② 浮点类型：含小数点的数字为浮点类型数据，例如-38.32、34.00、87.19392 等。浮点类型又根据数据所占内存的容量和表达数字的范围分为单精度型（float）和双精度型（double）两种。除了普通的表示方法，浮点类型的数据还可以用科学计数法表示。例如 4.2E8，-0.3e12，87E-6。

③ 布尔类型：布尔类型（boolean）也叫逻辑类型，数据只有两个数值 true 和 false，表示"真"和"假"，或者"是"和"否"等对立的状态。

④ 字符类型：用一对单引号（英文符号）围起来的单个字符，例如'S'、'g'、'%'。

对象型数据是对现实生活中具体事物的抽象总结。每一种对象型数据都具有其对应的类，用来定义该种对象型数据的共性和功能。最常用的对象型数据是字符串（String）类型数据。

字符串类型数据是用一对双引号（英文符号）围起来的一串字符，例如"a String" "世界，你好！"。虽然字符串类型是对象类型中的一种，但是其与普通类型数据在定义格式、打印方式等方面很类似。关于对象型数据，我们将在后边详细介绍。

（2）变量和常量

1）标识符

程序中引用的每个元素都要命名。程序设计语言利用标识符来命名编程实体，例如变量、常量、方法、类和包等。下面是命名标识符的规则：

① 标识符是由字母、数字、下划线（_）和美元符号（$）构成的字符串。

② 标识符必须以字母、下划线（_）或美元符号（$）开头，不能用数字开头。

③ 标识符不能是保留字。

④ 标识符可以是任意的长度。

例如，$2、ComputeArea、area、radius 和 showMessageDialog 都是合法的标识符，而 2 A 和 d+4 是非法的，因为它们不符合标识符的命名规则，Java 编译器检查非法标识符并报告语法错误。

> 注意：
> ① 由于 Java 区分大小写，故 X 和 x 是两个不同的标识符。
> ② 标识符用于命名变量、常量、方法、类和包时，尽量采用见名知意的原则定义标识符，以提高程序的可读性。

2）关键字

在 Java 语言中，有一些标识符是系统声明的，具有专门的意义和用途，只能按规定格式使用，我们称这些标识符为关键字，关键字一律用小写字母，具体如下。

① 数据类型相关：boolean, byte, char, double, false, float, int, instanceof, long, new, null, short, true, void。

② 语句：break, case, catch, continue, default, do, else, for, finally, if, return, switch, super, this, throw, try, while。

③ 修饰符：abstract, final, native, private, protected, public, static, synchronized, transient, volatile。

④ 其他：class, extends, implements, import, interface, pachage, throws。

3）常量与变量

常量是指在程序整个运行过程中其值都不变的量。

变量就是内存中的一小块空间，它用来存储一个数据。我们可以放一个数据进去，也可以取走一个数据。为了方便区别和使用，我们将它们以不同的名字命名。

常量和变量在使用前，必须先定义。定义后的常量和变量，可以通过赋值语句被赋予数据。常量只能赋一次值（且必须在定义时完成），变量可以多次赋值。常量或变量中的值，可以通过打印语句显示在屏幕上。

① 变量和常量类型。变量和常量类型是与数据类型相对应的，有什么样的数据类型，就有什么样的变量和常量类型。

常用的类型有如下 5 种。

- 整数类型：分为 byte、short、int 和 long 4 种类型。
- 浮点类型：分为 float 和 double 两种类型。
- 逻辑类型：又叫布尔型变量，只有 true 和 false 两个值。
- 字符类型：只存储字符型数据。
- 字符串型：只存储字符串型数据。

表 2-1 为各种类型变量和常量的定义类型、所占内存空间大小、取值范围。

变量定义、赋值与算术运算

表 2-1 各种类型变量和常量的定义类型、所占内存空间大小、取值范围

数据类型	定义符号	占用位数	数据范围
字节类型	byte	8 位	$-128 \sim 127$
短整型	short	16 位	$-32768 \sim 32767$
整型	int	32 位	$-2147483648 \sim 2147483647$
长整型	long	64 位	$-9.22E18 \sim 9.22E18$
单精度	float	32 位	
双精度	double	64 位	
字符型	char	16 位	\u0000～\uffff
布尔型	boolean	1 位	true 或 false

② 定义变量和赋初值。在使用变量之前，需要定义变量，并且给变量赋初值。一般使用赋值语句给变量赋初值，其格式为"变量名 = 数据;"。

定义变量的基本形式有两种，还可以将定义变量和赋初值合并在一起。

a. 定义一个变量。

其格式为：定义类型 变量名;

例如：byte x;

float y;

String s;

b. 一行定义多个同样类型的变量。

其格式为：定义类型 变量名 1,变量名 2,…,变量名 n;

例如：short x,y,z;

c. 定义和赋初值合并使用。

其格式为：定义类型 变量名=数据;

例如：long l = 100;

它相当于"long l;"和"l = 100;"两条语句。

d. 一次定义多个同样类型的变量并且赋初值。

其格式为：定义类型 变量名 1=数据,变量名 2=数据,…,变量名 n=数据;

例如：char a = 'A',b = 'B',c = 'C';

或者只给一部分变量赋值，例如：char a,b = 'b', c;

e. 一次给多个变量赋同样的值。

其格式为：变量名 1=变量名 2,…,变量名 n=数据;

例如：a = b = c = d = 100;

f. 常量的定义与赋值。

格式：final 类型标识符 常量名=值;

如：final double PI=3.1415926;

常量必须在同一条语句进行说明和赋值。final 是 Java 定义常量的关键字，常量名一般用大写字母表示。

注意：

① 赋值时类型一定要匹配，如 char c="a"，这就是错误的，应该是 char c='a'。

② 在给 float 类型变量赋值时，数字的后边要加上字母 f 或 F，以便与 double 型数据区分，例如"float f=18.394f;"是正确的语句，"float f=0.3827;"是错误的语句。

③ 给整数类型变量赋的值可以是十进制数，也可以是八进制数或十六进制数。八进制数必须以数字 0 开头，0 只是八进制数的标识符，没有数学意义。十六进制数以 0x 或者 0X 开头。

例如：int i = 0123;

int i = 0xABC;

④ 布尔型变量赋值时只能是 true 或 false。

4）直接量

直接量是指在程序中通过源代码直接给出的值，例如在"int a = 5;"代码中，为变量 a 所分配的初始值 5 就是一个直接量。

直接量的类型：并不是所有的数据类型都可以指定直接量，能指定直接量的通常只有三种类型：基本类型、字符串类型和 null 类型。具体而言，Java 支持如下 8 种类型的直接量。

① int 类型的直接量。在程序中直接给出的整型数值，可分为二进制、十进制、八进制和十六进制 4 种，其中二进制需要以 0B 或 0b 开头，八进制需要以 0 开头，十六进制需要以 0x 或 0X 开头。例如 123、012（对应十进制的 10）、0x12（对应十进制的 18）等。

② long 类型的直接量。在整型数值后添加 l 或 L 后就变成了 long 类型的直接量。例如 3L、0x12L（对应十进制的 18L）。

③ float 类型的直接量。在一个浮点数后添加 f 或 F 就变成了 float 类型的直接量，这个浮点数可以是标准小数形式，也可以是科学计数法形式。例如 5.34F、3.14E5f。

④ double 类型的直接量。直接给出一个标准小数形式或者科学计数法形式的浮点数就是 double 类型的直接量。例如 5.34、3.14E5。

⑤ boolean 类型的直接量。这个类型的直接量只有 true 和 false。

⑥ char 类型的直接量。char 类型的直接量有三种形式，分别是用单引号括起来的字符、转义字符和 Unicode 值表示的字符。例如 'a'、'\n' 和 '\u0061'。

⑦ string 类型的直接量。一个用双引号括起来的字符序列就是 string 类型的直接量。

在大多数其他语言中，包括 C/C++，字符串作为字符的数组被实现。然而，在 Java 中并非如此。在 Java 中，字符串实际上是对象类型。在后面将看到，因为 Java 对字符串是作为对象实现的，因此它有广泛的字符串处理能力，而且功能既强又好用。

⑧ null 类型的直接量。这个类型的直接量只有一个值，即 null。

在上面的 8 种类型的直接量中，null 类型是一种特殊类型，它只有一个值 null，而且这个直接量可以赋给任何引用类型的变量，用以表示这个引用类型变量中保存的地址为空，即还未指向任何有效对象。

记一记：

2.1.2.3 注释语句

在 Java 语言中，注释语句是一种特殊的语句，其内容不会被 Java 编译器编译，只是用来帮助其他阅读或使用该程序的人理解源程序的含义和作用。注释语句共有以下 3 种形式。

① 单行注释语句//：注释内容从//开始，到行尾结束，一般位于要解释

注释符在程序设计中的作用

语句的结尾处。这种形式多用于解释定义变量的含义和语句的作用。

② 多行注释语句/*…*/：注释内容从/*开始，到*/结束，可以单行或多行，一般位于要解释的类或者方法的前面。这种形式多用于解释整个源程序的目的和某个方法的作用。符号/*和*/成对出现，不可以套用。

③ 文档注释语句/**…*/：注释内容从/**开始，到*/结束，一般位于整个程序的最前面。文档注释语句是 Java 所特有的 doc 注解。使用 javadoc 文件名.java 命令，系统会自动生成 API 文档，其内容就是该文件中的文档注释语句。

2.1.2.4 输出语句

（1）普通命令行式的输出语句

在 Java 语言中，数据可以通过输出语句显示在屏幕上，以达到人机交流的目的。print 语句是最简单也是最常用的输出语句，它有如下两种形式，输出效果略有不同。

① System.out.println(输出内容)打印语句。该语句的作用是将小括号中的内容显示在屏幕上，并且增加新的一行。如果还有要打印的内容，则从新的一行开始显示；如果没有，则显示空白行。

② System.out.print(输出内容)打印语句。该语句和 System.out.println()打印语句的功能基本相同，只是不增加新的一行。如果还有要打印的内容，则紧接着上次内容的后边显示；如果没有，则不显示空白行。

如果 System.out.println()打印语句的小括号中没有任何内容，则显示一行空白行。System.out.print() 打印语句的小括号中必须要有打印的内容，否则会显示错误信息。如果将数据原封不动地显示在屏幕上，则需要使用双引号把数据括起来。

【例 2.2】打印语句练习。

```
public class Demo2_2 {                //定义类,类名必须和文件名相同
    public static void main(String[] args) {
//定义main()方法
        int a=5;  //变量定义并赋值
        char b='x';
        float c=3.56f;
        Boolean d=true;
        System.out.println(a) ;       //输出语句
        System.out.print(b);
        System.out.println(c);
        System.out.println(d);
    }
}
```

用记事本输入上面的代码，并将文件命名为 Demo2_2.java，之后就可以按下面方法运行了，运行的结果如图 2-1 所示。

```
C:\Users\zh1\Documents\zh1\java>javac Demo2_2.java
C:\Users\zh1\Documents\zh1\java>java Demo2_2
5
x3.56
true
```

图 2-1　运行的结果

比一比，结果和大家想的一样吗？

> 注意：System.out.print(输出内容)语句的输出内容可以是一个变量的值，也可以是一个字符串，当要输出多个字符串或多个变量值时或字符串和变量值的组合时，需要使用字符串连接运算符"+"，连接运算符可以把字符串和任何变量连接在一起组成一个新的字符串（关于运算符的具体使用方法将在下一节详细介绍）。
>
> 如：上例中，我们使用语句"System.out.println("变量 a 的值是"+a);"。
> 输出的结果是"变量 a 的值是 5"。
> 如果想输出 a+3 的值我们怎么办呢？
> 我们可以用语句"System.out.println(a+5);"。
> 试写出下面两条语句的输出结果：
> ① System.out.println("变量 a+3 的值是"+a+3)
> ② System.out.println("变量 a+3 的值是"+(a+3))

连接运算符

（2）转义符号

转义符号是以反斜线开头，后边紧跟一个或几个字符，具有特定含义的符号。它的主要作用是显示一些打印语句不能显示的符号或效果。例如显示双引号、单引号及反斜线符号等。因为转义符号具有特殊的意义，所以即使在双引号内也不会被显示出来，常用的转义符号形式及其作用如表 2-2 所示。

转义字符

表 2-2　Java 转义符号及其作用

转义符号	转义符号的作用
\n	显示位置移动到下一行的开头
\b	显示位置向左退一格
\t	显示位置向右移动到下一个制表位置
\\	显示反斜线符号
\"	显示双引号符号
\'	显示单引号符号
\ddd	3 位八进制数所代表的字符
\uxxxx	4 位十六进制数所代表的字符

（3）用消息对话框显示文本信息

除了通过命令行的方式显示内容外，Java 还可以通过对话框的方式显示文本，如图 2-2 所示就是一个弹出式的消息对话框。

要这样做，需要使用 JOptionPane 类中的 showMessageDialog 方法。JOptionPane 是 Java 系统中众多的预定义类之一，这些类可以反复使用，而不必每次"重新编写"。通过 showMessageDialog 方法可以在消息对话框中显示任何文本。

【例 2.3】消息对话框输出文本内容。

```
import javax.swing.JOptionPane;
public class Demo2_3 {
public static void main(String[] args) {
    //定义 main()方法
```

```
        JOptionPane.showMessageDialog(null,"Welcome ","Display Message",2);
    }
}
```

图 2-2 显示信息对话框

程序运行后会弹出图 2-2 所示的显示信息对话框。
showMessageDialog 方法有四个参数,具体格式如下:
showMessageDialog(null,显示内容,窗口标题,图标样式);

图标样式与具体数值的对应关系如表 2-3 所示。

程序使用 Java 的 JOptionPane 类（第 5 行）,Java 预定义的类分组存放在包中,JOptionPane 存放在包 javax.swing 之中。通过第 1 行的 import 语句将其导入,这样,编译器就可以找到该类。我们之前用过 System.out.println("")方法,使用了 System 类,但是我们并不用 import 导入该类,因为 System 类在 java.lang 包中,而每个 Java 程序都隐含地装入该包中的所有类。

表 2-3 图标样式与具体数值的对应关系

数值	图标
−1	无图标
0	✖
1	ⓘ
2	⚠
3	❓

如果将第 5 行的 JOptionPane 用 javax.swing.JOptionPane 代替,就不需要第 1 行的导入语句了。ShowMessageDialog()方法是静态方法,通过其类名、圆点运算符（.）和带参数的方法名来调用。静态方法将在后续内容中介绍。

【例 2.4】打印语句综合练习。

```
import javax.swing.JOptionPane;
public class Demo2_4 {                    //定义类,类名必须和文件名相同
    public static void main(String[] args) {
        //定义 main()方法
        int a=5;  //变量定义并赋值
        char b='x';
        float c=3.56f;
        Boolean d=true;
        System.out.println("a="+a);     //输出语句
        string s="b="+b+"\tc="+c+"\nd="+d);
        JOptionPane.showMessageDialog(null,"result",s,1);
    }
}
```

试写出程序的输出结果,程序中一定要注意转义符号的作用。

> 📝 记一记:

2.1.3 任务实施

2.1.3.1 任务要求

定义两个整型变量 a 和 b，并赋初值分别为 9 和 4，再分别定义 4 个变量 add、sub、mul、div，分别存放 a+b、a–b、a*b、a/b 的值，并进行输出，输出内容占两行，具体格式如下（这里用…省略了具体的结果）：

a+b=…　　a-b=…
a*b=…　　a/b=…

2.1.3.2 程序流程图

程序流程图如图 2-3 所示。

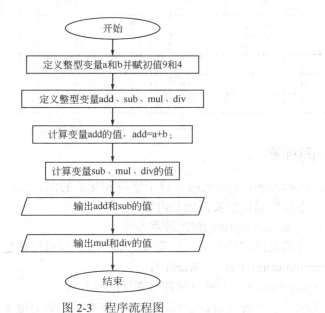

图 2-3　程序流程图

2.1.3.3 程序代码

【例 2.5】 Demo2_5.java。

```java
public class Demo2_5 {
    public static void main(String[] args) {
        int a=9,b=4;
        int add,sub,mul,div;
        add=a+b;
        sub=a-b;
        mul=a*b;
        div=a/b;
        System.out.println("a="+a+"\tb="+b);
        System.out.println("a+b="+add+"\ta-b="+sub);
        System.out.println("a*b="+mul+"\ta/b="+div);
    }
}
```

试写出程序运行结果，并上机运行，对比结果是否正确。同时分析输出的计算结果是否正确，如有错误应该如何修改。

记一记：

2.1.4 巩固提高

初学 System.out.print()语句时，对于字符和变量的混合使用，都会觉得很难把握，这里再详细地讲一下如何输出想要得到的内容。

（1）使用 System.out.print()输出纯字符串

输出纯字符串是比较简单的，只需要把字符串用双引号括起来就可以了。

如 System.out.print("Hello　World!")

（2）用 System.out.print()输出字符与变量的混合式

当需要把变量和字符混合在一起时，就有点难了。如变量 a=5、b=6，这时要通过变量 a 和 b 的值来输出 a+b 的结果，我们怎么做呢？

首先确定输出结果，本题要输出的结果是"5+6=11"，具体分析一下（见图 2-4）。

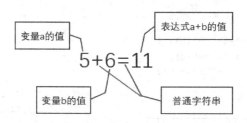

图 2-4　通过变量 a 和 b 的值来输出 a+b 的结果

通过上面的分析我们发现，输出由三部分组成，包括两个变量的值，两个字符串 "+" 和 "="，还有一个表达式 a+b，一共是 5 项内容要输出，这样我们就需要用 4 个字符串连接符将这 5 项内容连接在一起。结果如图 2-5 所示。

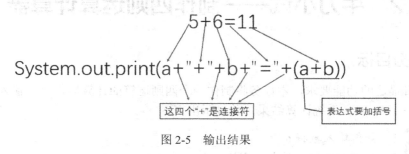

图 2-5　输出结果

练习：假设有变量 a=5、b=6、c=7，现在要输出 a+b-c 的结果，显示内容为 5+6-7=4，按照上面的方法自己写一下这个 print 语句。

System.out.print(   );

如果要输出 a*(b+c)这个结果，输出的内容为："表达式：5*(6+7)的值为 65"。应该怎么写呢？

System.out.print(   );

这里要注意汉字的引入，还是要把输出结果进行分割，区分出哪些是变量，哪些是字符串，哪些是表达式。

2.1.5　课后习题

1. 若某个 Java 程序的主类是 MyClock，那么该程序的源文件名应该是（　　）。
   A．MyClock.java　　　　　　　　B．myClock.java
   C．myclock.class　　　　　　　　D．MyClock.class
2. 下列选项中，不属于 Java 基本数据类型的是（　　）。
   A．Integer　　　B．byte　　　C．char　　　D．Boolean
3. 下列选项中，不属于 int 类型直接量的是（　　）。
   A．345　　　B．0xf1　　　C．018　　　D．0
4. 下列选项中，属于 float 类型直接量的是（　　）。
   A．345　　　B．3.34　　　C．015　　　D．5f

5. 长整型直接量需要在数字后面加_____。
6. 执行下列程序段：

```
int a=5,b=6;
System.out.println("a="+a+"b="+b);
System.out.print("a="+a+"\tb="+b);
System.out.println("a="+a+"\nb="+b);
```

则输出结果为：
第一行_____
第二行_____
第三行_____

任务2.2 牛刀小试——制作四则运算计算器

2.2.1 任务目标

根据项目描述的功能要求，本任务将制作一个四则运算的计算器，用户输入两个数和运算符号（+、-、*、/），系统计算结果，并显示出来。

需解决问题
1. 如何输入数据？
2. 如何判断输入的是什么运算？
3. 如何处理用户输入的错误？

2.2.2 技术准备

2.2.2.1 数据的输入

当编写程序时，我们经常需要获得用户输入的数据，以便以后的处理，Java 获取用户数据的方法有很多种，本章只介绍如何从键盘获取数据。Java 使用 System.out 表示标准输出设备，用 System.in 表示标准输入设备。默认情况下，输出设备是控制台，输入设备是键盘。为了让控制台输出结果，可以使用 println 方法在控制台显示基本值或字符串。我们可以使用 Scanner 类创建对象读取来自 System.in 的输入。如下所示：

数据的输入

```
Scanner sc=new Scanner(System.in);
```

Scanner 是 Java 的一个类。语法 new Scanner(System.in)创建一个 Scanner 类型的对象。语法 Scanner sc 声明 sc 是一个 Scanner 类型的变量。"Scanner sc=new Scanner(System.in);"这是整行创建一个 Scanner 对象，并且将它指向变量 sc。对象一般会包含一些属性和方法。调用对象的方法就是让对象完成某个任务。

Scanner 对象包括以下读取输入的方法。
- next()：读取一个字符串，字符串用空格分隔。
- nextByte()：读取 byte 类型的整数。
- nextShort()：读取 short 类型的整数。

- nextInt()：读取 int 类型的整数。
- nextLong()：读取 long 类型的整数。
- nextFloat()：读取 float 类型的数。
- nextDouble()：读取 double 类型的数。

例如，以下语句提示用户从控制台输入一个整数。

```
System.out.println("please input a int value")
Scanner sc=new Scanner(System.in);
int a=sc.nextInt();
```

注：更多关于类和对象的细节将在后续的章节中详细介绍。

例如 Demo2_6.java，从键盘输入两个数，计算这两个数的和。

注意：要使用 Scanner 类必须使用 import 语句导入。

2.2.2.2 运算符与表达式

运算符丰富是 Java 语言的主要特点之一，通过这些运算符我们可以完成各种运算。

最基本的运算符包括算术运算符、赋值运算符、逻辑运算符和关系运算符等。这些运算符按照操作数的数量可以分为单目运算符、双目运算符和三目运算符。

如：a+b，这个加法运算有 a、b 两个操作数，它就是个双目运算符。

a++，这是个自增运算，运算结果为 a 自动+1，它就是个单目运算符。

a?b:c，这是一个条件运算，它是一个三目运算符。

绝大多数运算符均为双目运算符，用运算符将操作数连接起来组成的式子称为表达式，通过运算得到的结果称为表达式的值，一个表达式可能由多个运算符组成，在进行运算时就要遵循一定的优先级。

算术运算符和表达式

如表达式 3+5*2，我们知道，应该先算乘法，再算加法，因此表达式的值为 13。

（1）算术运算符与算术表达式

算术运算符主要用来进行数值类型数据的算术运算，算术运算符除了经常使用的加（+）、减（-）、乘（*）和除（/）外，还有取模运算（%）（求余数）。加（+）、减（-）、乘（*）、除（/）和我们平常接触的数学运算具有相同的含义。具体说明参见表 2-4。

表 2-4 算术运算符的说明

运算符	名称	说明	例子	表达式的值（假设 a=6，b=4）
+	加	求 a 加 b 的和 [还可进行字符串连接，如 System.out.print("a="+a);]	a + b	10
-	减	求 a 减 b 的差	a - b	2
*	乘	求 a 乘以 b 的积	a * b	24
/	除	求 a 除以 b 的商	a / b	1
%	取模（余）	求 a 除以 b 的余数	a % b	2

进行算术运算时应注意以下几点：

① 取模（余）（%）运算要求参与运算的两个操作数均为整型，不能为其他类型。

② 两个整数进行除法运算，其结果仍为整数。如果整数与实数进行除法运算，则结果为实数。

例如：
① int x=4,y=1; 表达式 y/x 的结果是 0。
② float x=4.0f; int y=1; 表达式 y/x 的结果是 0.25。

（2）自增自减运算

在对一个变量做加 1 或减 1 处理时，可以使用自增运算符++或自减运算符--。++或--是单目运算符，放在操作数的前面或后面都是允许的。++与--的作用是使变量的值增 1 或减 1。操作数必须是一个整型或浮点型变量。自增、自减运算的含义及其使用实例如表 2-5 所示。

表 2-5 自增、自减运算的含义及其使用实例

运算符	含义	实例	结果
i++	将 i 的值先使用，再自增 1	int i=1; int j=i++;	i=2 j=1
++i	将 i 的值先自增 1，再使用	int i=1; int j=++i;	i=2 j=2
i--	将 i 的值先使用，再自减 1	int i=1; int j=i--;	i=0 j=1
--i	将 i 的值先自减 1，再使用	int i=1; int j=--i;	i=0 j=0

在使用自增/自减运算时应注意下面几个问题。

① 无论是 i++还是++i，单独作一个语句使用时，功能没有区别，都会使变量的值加 1，而作为其他表达式的一部分时，其表达式的值就会有所变化。

② 自增/自减只能作用于变量，不允许对常量、表达式或其他类型的变量进行操作。常见的错误是试图将自增或自减运算符用于非简单变量表达式中。

自增自减运算符

③ 自增/自减运算可以用于整数类型 byte、short、int、long，浮点类型 float、double，以及字符类型 char。

④ 自增/自减运算结果的类型与被运算的变量类型相同。

（3）赋值运算符与赋值表达式

赋值运算符是指为变量指定数值的符号。赋值运算符的符号为"="，它是双目运算符，左边的操作数必须是变量，不能是常量或表达式。

其语法格式如下所示：

变量名称=表达式内容

在 Java 语言中，"变量名称"和"表达式"内容的类型必须匹配，如果类型不匹配则需要自动转化为对应的类型。

赋值运算符的优先级低于算术运算符；它不是数学中的等号，而是表示一个动作，即将其右侧的值送到左侧的变量中（左侧只允许是变量，不能是表达式或其他形式）；不要将赋值运算符与相等运算符"=="混淆。

赋值运算符与其他运算符一起使用，可以表达多种赋值运算的变异效果。例如，在基本的赋值运算符的基础之上，可以结合算术运算符，以及后面要学习的位运算符，组合成复合的赋值运算符。赋值运算符和算术运算符组成的复合赋值运算的含义及其使用实例如表 2-6 所示。

表 2-6　复合赋值运算的含义及其使用实例

运算符	含义	实例	结果
+=	将该运算符左边的数值加上右边的数值，其结果赋值给左边变量本身	int a=5; a+=2;	a=7
-=	将该运算符左边的数值减去右边的数值，其结果赋值给左边变量本身	int a=5; a-=2;	a=3
*=	将该运算符左边的数值乘以右边的数值，其结果赋值给左边变量本身	int a=5; a*=2;	a=10
/=	将该运算符左边的数值整除右边的数值，其结果赋值给左边变量本身	int a=5; a/=2;	a=2
%=	将该运算符左边的数值除以右边的数值后取余，其结果赋值给左边变量本身	int a=5; a%=2;	a=1

（4）关系运算符和关系表达式

关系运算符也可以称为"比较运算符"，用来比较判断两个变量或常量的大小。关系运算符是双目运算符，运算结果是 boolean 型。当运算符对应的关系成立时，运算结果是 true，否则是 false。

关系与逻辑运算

关系表达式是由关系运算符连接起来的表达式。关系运算符中"关系"两字的含义是指一个数据与另一个数据之间的关系，这种关系只有成立与不成立两种可能情况，可以用逻辑值来表示，逻辑上的 true 与 false 可以用数字 1 与 0 来表示。关系成立时表达式的结果为 true（或 1），否则表达式的结果为 false（或 0）。具体符号和功能如表 2-7 所示。

表 2-7　关系运算符和关系表达式的符号与功能

运算符	含义	说明	实例	结果
>	大于	如果前面变量的值大于后面变量的值，则返回 true	2>3	false
>=	大于等于	如果前面变量的值大于等于后面变量的值，则返回 true	4>=2	true
<	小于	如果前面变量的值小于后面变量的值，则返回 true	2<3	true
<=	小于等于	如果前面变量的值小于等于后面变量的值，则返回 true	4<=2	false
==	相等	只要左右两边操作数的值相等则返回 true。操作数可以是数值型、字符型或 boolean 型，其中字符型使用其对应的 ASCII 码进行比较	4==4 97=='a' 5.0==5 true==false	true true true false
!=	不相等	只要左右两边操作数的值不相等则返回 true	4!=2	true

注意：>、>=、<、<= 的操作数只能是数值类型（含字符型）。

（5）逻辑运算符与逻辑表达式

逻辑运算符是对两个布尔型的变量进行运算，其结果也是布尔型。在实际应用中常用逻辑运算符将关系表达式连接起来组成一个复杂的逻辑表达式，以判断程序中的表达式是否成立，判断的结果是 true 或 false。具体运算规则如表 2-8 所示。

表 2-8　逻辑运算符的运算规则

运算符	用法	含义	说明	实例	结果
&&	a&&b	短路与	a、b 全为 true 时，计算结果为 true，否则为 false	2>1&&3<4	true
||	a||b	短路或	a、b 全为 false 时，计算结果为 false，否则为 true	2<1||3>4	false
!	!a	逻辑非	a 为 true 时，值为 false，a 为 false 时，值为 true	!(2>4)	true
|	a|b	逻辑或	a、b 全为 false 时，计算结果为 false，否则为 true	1>2|3>5	false
&	a&b	逻辑与	a、b 全为 false 时，计算结果为 false，否则为 true	1<2&3<5	true

&&与&区别：如果a为false，则不计算b（因为不论b为何值，结果都为false）。
||与|区别：如果a为true，则不计算b（因为不论b为何值，结果都为true）。

注意：短路与（&&）和短路或（||）能够采用最优化的计算方式，从而提高效率。在实际编程时，应该优先考虑使用短路与和短路或。

例如：结果为boolean型的变量或表达式可以通过逻辑运算符连接生成逻辑表达式。逻辑运算符&&、||和！的运算规律见表2-9。

表2-9 用逻辑运算符进行逻辑运算

a	b	a&&b	a||b	!a
true	true	true	true	false
false	true	false	true	true
true	false	false	true	false
false	false	false	false	true

（6）位运算符与位表达式

Java定义的位运算（bitwise operators）直接对整数类型的位进行操作，这些整数类型包括long、int、short、char和byte。

位运算符主要用来对操作数二进制的位进行运算。按位运算表示按每个二进制位（bit）进行计算，其操作数和运算结果都是整型值。

位运算符

Java语言中的位运算符分为位逻辑运算符和位移运算符两类，位逻辑运算符包含4个：&（与）、|（或）、~（非）和^（异或）。除了~（即位取反）为单目运算符外，其余都为双目运算符。表2-10中列出了它们的基本用法。

表2-10 位逻辑运算符的基本用法

运算符	含义	实例	结果
&	按位进行与运算	21 & 15	5
|	按位进行或运算	21 | 15	31
^	按位进行异或运算	21 ^ 15	26
~	按位进行取反运算	~ 4	−5

位与运算符为&，其运算规则是：参与运算的数字，低位对齐，高位不足的补零。如果对应的二进制位同时为1，那么计算结果才为1，否则为0。因此，任何数与0进行位与运算，其结果都为0。

例如下面的表达式：

21&15

运算结果为5，具体运算过程如下。

```
首先列出两个数的二进制数（扩展至8位）
21的二进制数为：00010101
15的二进制数为：00001111

      00010101
   &  00001111
      00000101  ⇒  5
```

位或运算符为 |，其运算规则是：参与运算的数字，低位对齐，高位不足的补零。如果对应的二进制位只要有一个为 1，那么结果就为 1；如果对应的二进制位都为 0，结果才为 0。

下面是一个使用位或运算符的表达式。

21|15

运算结果为 31，其运算过程如下。

```
首先列出两个数的二进制数（扩展至8位）
21的二进制数为：00010101
15的二进制数为：00001111

    00010101
 |  00001111
    ────────
    00011111  ⇒  31
```

位异或运算符为 ^，其运算规则是：参与运算的数字，低位对齐，高位不足的补零。如果对应的二进制位相同（同时为 0 或同时为 1），结果为 0；如果对应的二进制位不相同，结果则为 1。

下面是一个使用位异或运算符的表达式。

21^15

运算结果为 26，运算过程如下。

```
首先列出两个数的二进制数（扩展至8位）
21的二进制数为：00010101
15的二进制数为：00001111

    00010101
 ^  00001111
    ────────
    00011010  ⇒  26
```

> **注意**：位运算符的操作数只能是整型或者字符型数据以及它们的变体，不用于 float、double 或者 long 等复杂的数据类型。

（7）条件运算符及其表达式

条件运算符是 Java 提供的一个特别的三目运算符，经常用于取代简单的 if…else 语句。条件运算符的符号表示为"？："，使用该运算符时需要有三个操作数，因此称其为三目运算符。使用条件运算符的一般语法结构为：

变量 = 条件 ? 运算1：运算2;

条件运算及运算符的优先级

其中，"条件"是一个布尔表达式。当"条件"为真时，执行运算 1，表达式的结果为运算 1 的结果；否则就执行运算 2，此时表达式的结果为运算 2 的结果。因此要实现简单的二分支程序，即可使用该条件运算符。

下面是一个使用条件运算符的示例。

```
int x,y,z;
x = 10,y = 5;
z = x>y ? x-y : x+y;
```

在这里要计算 z 的值，首先要判断 x>y 表达式的值，如果为 true，z 的值为 x-y；否则 z 的值为 x+y。很明显 x>y 表达式结果为 true，所以 z 的值为 5。

（8）运算符的优先级

当多个运算混合在一起进行运算时，就要考虑先算哪个后算哪个的问题，这就是运算符的优先级。所谓优先级就是在表达式运算中的运算顺序。

一般而言，单目运算符优先级较高，赋值运算符优先级较低。算术运算符优先级较高，关系和逻辑运算符优先级较低。

Java 语言中运算符的优先级共分为 14 级，其中 1 级最高，14 级最低。在同一个表达式中运算符优先级高的先执行。表 2-11 列出了 Java 常见运算符的优先级。

表 2-11 Java 常见运算符的优先级

优先级	运算符	备注
1	()、[]、{}	
2	!、~、~、++、--	单目运算符
3	*、/、%	
4	+、-	
5	<<、>>、>>>	
6	<、<=、>、>=、instanceof	
7	==、!=	
8	&	
9	^	
10	|	
11	&&	
12	||	
13	?:	条件运算符
14	=、+=、-=、*=、/=、&=、|=、^=、~=	

使用优先级为 1 的小括号可以改变其他运算符的优先级，即如果需要将具有较低优先级的运算符先运算，则可以使用小括号将该运算符和操作符括起来。例如下面的表达式：

(x-y)*z/5

在这个表达式中先进行括号内的减法运算，再将结果与 z 相乘，最后将积除以 5 得出结果。整个表达式的顺序按照从左向右执行，比较容易理解。

再来看一个复杂的表达式，如下所示。

--y || ++x ** ++z

这个表达式中包含了算术运算符和逻辑运算符。根据运算符的优先级，可以确定它的执行顺序如下：

① 先计算 y 的自减运算符，即--y。
② 再计算 x 的自增运算符，即++x。
③ 接着计算 z 的自增运算符，即++z。
④ 由于短路与比短路或的优先级高，这里将②和③的结果进行短路与运算，即++x && ++z。
⑤ 最后将④的结果与①进行短路或运算，即--y||++x&&++z。

如果没有上述对该表达式执行顺序的说明，第一眼看到它时将很难识别优先级。对于这类问题，可以通过添加小括号使表达的顺序更加清晰，而不用去查优先级表。如下所示为改进后的表达式。

(--y)||((++x)&&(++z))

源代码就是一份文档,其可读性比代码运行效率更重要。因此在这里要提醒大家:

① 不要把一个表达式写得过于复杂,如果一个表达式过于复杂,则把它分成几步来完成。

② 不要过多地依赖运算符的优先级来控制表达式的执行顺序,这样可读性太差,尽量使用()来控制表达式的执行顺序。

【例2.6】输入两个数,输出这两个数各种运算的结果,运算包括+、-、*、/、%、&、|、^。

```java
import java.util.Scanner;
//import 语句,引入了 Scanner 类,用于完成数据的输入
public class Demo2_6 {                              //定义类,类名必须和文件名相同
    public static void main(String[] args) {
        int a,b;                                    //变量定义
        Scanner sc=new Scanner(System.in);
        //实例化一个 Scanner 对象,对象名为 sc,可使用 sc 对象输入数据
        System.out.println("please input two integers");//提示信息
        a=sc.nextInt();
        b=sc.nextInt();     //通过键盘输入两个整数,并赋值给变量 a 和 b
        System.out.println("a+b="+(a+b)) ;          //输出语句
        System.out.println("a-b="+(a-b)) ;
        System.out.println("a*b="+(a*b)) ;
        System.out.println("a/b="+(a/b)) ;
        System.out.println("a%b="+(a%b)) ;
        System.out.println("a&b="+(a&b)) ;
        System.out.println("a|b="+(a|b)) ;
        System.out.println("a^-b="+(a^-b)) ;
    }
}
```

程序中要注意输出语句中的字符串连接符"+"的用法。

📝 记一记:

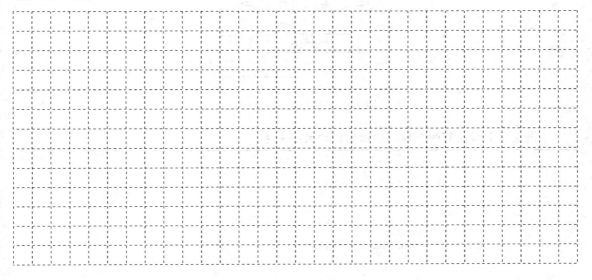

2.2.2.3 分支结构程序设计

选择结构及
程序流程图

一般程序结构分为顺序结构、分支结构和循环结构。之前我们所讲的程序都是从上到下依次执行的,这种结构叫顺序结构;如果程序执行到某一位置,需要对某种情况进行判断,再决定执行哪条语句时,这种情况就要使用分支结构;如果程序要对某段程序进行反复多次执行,这种结构就叫循环结构。本节主要讲解分支结构的程序语句。Java 有几种分支结构语句,分别为:简单的 if 语句、if…else 语句、switch 语句。其中 if 语句使用布尔表达式或布尔值作为分支条件来进行分支控制,而 switch 语句则用于对多个整型值进行匹配,从而实现分支控制。

（1）if 语句

if 语句是使用最多的条件分支结构,也可以称为条件语句。

if 选择结构是根据条件判断之后再作处理的一种语法结构。默认情况下,if 语句控制着下方紧跟的一条语句的执行。不过,通过语句块,if 语句可以控制多条语句。

① 最简单的 if 语句。if 语句的最简单语法格式如下,表示"如果满足某种条件,就进行某种处理"。

```
if (条件表达式) {
    语句块;
}
```

其中"条件表达式"和"语句块"是比较重要的两个地方。

条件表达式：条件表达式可以是任意一种逻辑表达式,最后返回的结果必须是一个布尔值。取值可以是一个单纯的布尔变量或常量,也可以是使用关系或逻辑表达式。如果条件为真,那么执行语句块;如果条件为假,则语句块将被绕过而不被执行。

语句块：该语句块可以是一条语句也可以是多条语句。如果仅有一条语句,可省略条件语句中的大括号 {}。从编程规范角度考虑,不要省略大括号,否则会使程序的可读性变差。

if 条件语句的运行流程如图 2-6 所示。

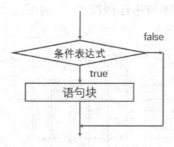

图 2-6　if 条件语句的运行流程

【例 2.7】假设有两个数,输出它们的大小关系。

```java
public class Demo2_7 {
public static void main(String[] args) {
    int num1 = 50;
    int num2 = 34;
    if (num1 > num2) {
        System.out.println("num1 大于 num2");
    }
```

```
        if (num1 == num2) {
            System.out.println("num2 等于 num2");
        }
        if (num1 < num2) {
            System.out.println("num1 小于 num2");
        }
    }
}
```

该程序通过三个 if 语句分别判断了 num1 值和 num2 值的大于、等于和小于关系。此处 num1 为 50，num2 为 34，所以执行后会输出"num1 大于 num2"。

② if…else 结构语句。单 if 语句仅能在满足条件时使用，而无法执行任何其他操作（停止）。而结合 else 语句的 if 可以定义两个操作，此时的 if…else 语句表示"如果条件正确则执行一个操作，否则执行另一个操作"。

使用 if…else 语句的语法格式如下所示：

单分支与双分支结构

```
if (表达式) {
    语句块 1;
} else {
    语句块 2;
}
```

在上述语法格式中，如果 if 关键字后面的表达式成立，那么就执行语句块 1，否则的话则执行语句块 2，其运行流程如图 2-7 所示。

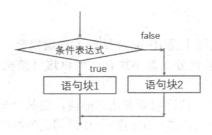

图 2-7 if…else 语句的运行流程

【例 2.8】输入两个数 num1 和 num2，如果 num1>num2，则输出 num1-num2，否则输出 num2-num1 的值。

```
import java.util.Scanner;
//import 语句,引入了 Scanner 类,用于完成数据的输入
public class Demo2_8 {                  //定义类,类名必须和文件名相同
    public static void main(String[] args) {
        int num1,num2;                  //变量定义
        Scanner sc=new Scanner(System.in);
        //实例化一个 Scanner 对象,对象名为 sc,可使用 sc 对象输入数据
        System.out.println("please input two integers");//提示信息
        num1=sc.nextInt();
        num2=sc.nextInt();
        //通过键盘输入两个整数,并赋值给变量 a 和 b
        if(num1>num2){
            System.out.println(num1+"-"+num2+"="+(num1-num2));
```

```
        }else{
            System.out.println(num2+"-"+num1+"="+(num2-num1));
        }
    }
}
```

该程序通过键盘输入两个数，之后通过一条 if…else 语句判断两个数的大小，输出两个数相减的绝对值。

③ 多条件 if…else if 语句。if 语句的主要功能是给程序提供一个分支。然而，有时候程序中仅仅一个分支是远远不够的，甚至有时候程序的分支会很复杂，这就需要使用多分支的 if…else if 语句。

通常表现为"如果满足某种条件，就进行某种处理，否则如果满足另一种条件才执行另一种处理……，这些条件都不满足则执行最后一种条件"。

if…else if 多分支语句的语法格式如下所示：

```
if(表达式1) {
    语句块1;
} else if(表达式2) {
    语句块2;
...
} else if(表达式n) {
    语句块n;
} else {
    语句块n+1;
}
```

使用 if 实现多分支选择结构

可以看出，else if 结构实际上是 if…else 结构的多层嵌套。明显的特点就是在多个分支中只会执行一个语句组，而其他分支都不执行，所以这种结构可以用于有多种判断结果的分支中。

在使用 if…else if 语句时，依次判断表达式的值，当某个分支的条件表达式的值为 true 时，则执行该分支对应的语句块，然后跳到整个 if 语句之外继续执行程序。如果所有的表达式均为 false，则执行语句块 n+1，然后继续执行后续程序。

【例2.9】同样以比较 num1 和 num2 的大小为例，使用 if…else if 多条件的实现代码如下：

```
public class Demo2_9 {
public static void main(String[] args) {
    int num1 = 50;
    int num2 = 34;
    if (num1 == num2) { // 如果num1等于num2
        System.out.println("num1 等于 num2");
    } else if (num1 > num2) { // 如果num1大于num2
        System.out.println("num1 大于 num2");
    } else { // 否则就是小于
        System.out.println("num1 小于 num2");
    }
}
}
```

如上述代码所示,num1 和 num2 不满足 if 语句的"num1==num2"条件,接着测试 else if 的"num1>num2"条件,满足该条件并输出"num1 大于 num2"。如果这两个条件都不满足,则 num1 一定小于 num2,这时就不用再作判断了,直接进行输出就可以了。

④ 嵌套 if 的使用。if 语句的用法非常灵活,不仅可以单独使用,还可以在 if 语句里嵌套另一个 if 语句。同样,if…else 语句和 if…else if 语句中也可以嵌套另一个 if 结构的语句,以完成更深层次的判断。

嵌套分支选择结构

(2) switch 语句

if…else 语句可以用来描述一个"二岔路口",我们只能选择其中一条路来继续走,然而经常会碰到"多岔路口"的情况,这时候我们可以用 switch 语句,switch 语句可以从多个语句块中选择其中的一个执行。

switch 语句提供了一种基于一个表达式的值来使程序执行不同部分的简单方法。使用 switch 在有些程序中能替代非常复杂的 if 嵌套语句。

switch 多分支选择结构

switch 语句的基本语法形式如下所示:

```
switch(表达式) {
    case 值1:
        语句块1;
        break;
    case 值2:
        语句块2;
        break;
    …
    case 值n:
        语句块n;
        break;
    default:
        语句块n+1;
        break;
}
```

其中,switch、case、default、break 都是 Java 的关键字。

① switch(表达式)。表示"开关",这个开关就是 switch 关键字后面小括号里的值,小括号里要放一个整型变量、字符型变量或一个表达式,如果是表达式则其结果必须为 byte、short、int 或 char 类型。

② case。case 表示"情况,情形",其后面值的类型为 char、byte、short 或 int 的常量或直接量。从 Java SE 7 开始,case 标签还可以是字符串直接量。

③ default。表示"默认",即其他情况都不满足。default 后要紧跟冒号,default 块和 case 块的先后顺序可以变动,不会影响程序执行结果。通常,default 块放在末尾,也可以省略不写。

④ break。表示"停止",即跳出当前结构。如果在 case 分支语句的末尾没有 break 语句,有可能触发多个 case 分支。那么就会接着执行下一个 case 分支语句。为避免这种情况发生,一般会在每个 case 子句后加上 break 语句。

switch 语句的执行过程如下:表达式的值与每个 case 语句中的常量作比较。如果发现了一个与之相匹配的,则执行该 case 语句后的代码。如果没有一个 case 常量与表达式的值相匹配，则执行 default 语句。当然，default 语句是可选的。如果没有相匹配的 case 语句，也没有 default 语句，则什么也不执行。

【例 2.10】 输入一个成绩 score（0～100 之间的整数），判断成绩的等级（优秀、良好、中等、及格、不及格）。

```java
import java.util.Scanner;
public class Demo2_10 {
    public static void main(String[] args) {
        int score,a;
        char c;
        Scanner sc=new Scanner(System.in);
        System.out.print("请输入你的成绩:");
        score=sc.nextInt();
        a=score/10;
        switch(a){
            case 10:
            case 9:System.out.println("该成绩的等级为 优秀 ") ;break;
            case 8:System.out.println("该成绩的等级为 良好 ") ;break;
            case 7:System.out.println("该成绩的等级为 中等 ") ;break;
            case 6:System.out.println("该成绩的等级为 及格 ") ;break;
            default:System.out.println("该成绩的等级为 不及格 ") ;break;
        }
    }
}
```

📝 记一记：

2.2.3 任务实施

2.2.3.1 任务要求

定义两个整型变量 a 和 b，通过键盘输入两个数给 a 和 b，同时输入一个运算符（+、-、*、/、%、&、|），并输出运算结果。

2.2.3.2 程序流程图

图 2-8 为程序流程图。

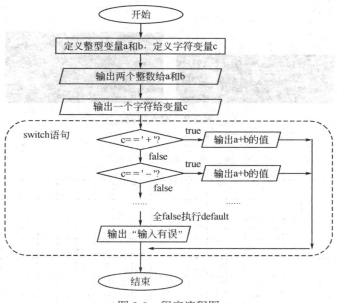

图 2-8　程序流程图

2.2.3.3 程序代码

【例 2.11】Demo2_11.java。

```java
import java.util.Scanner;
public class Demo2_11 {
    public static void main(String[] args) {
        int a,b;
        char c;
        Scanner sc=new Scanner(System.in);
        System.out.println("please input two integers:");
        a=sc.nextInt();
        b=sc.nextInt();
        c=sc.next().charAt(0);
        switch(c){
            case '+':System.out.println(a+"+"+b+"="+(a+b)) ;break;
            case '-':System.out.println(a+"-"+b+"="+(a-b)) ;break;
            case '*':System.out.println(a+"*"+b+"="+(a*b)) ;break;
            case '/':System.out.println(a+"/"+b+"="+(a/b)) ;break;
            case '%':System.out.println(a+"%"+b+"="+(a%b)) ;break;
            case '&':System.out.println(a+"&"+b+"="+(a&b)) ;break;
            case '|':System.out.println(a+"|"+b+"="+(a|b)) ;break;
            default:System.out.println("input error!");
        }
    }
}
```

Java没有直接输入字符的方法,只能先输入一个字符串[sn.next()],再从字符串中取出第一个字符[charAt(0)],关于字符串函数的用法将在后续的章节中详细讲解。

输入数据时,可以在一行输入三项内容,中间用空格分开,也可以1行输入1个,共输入3行,如图2-9所示。

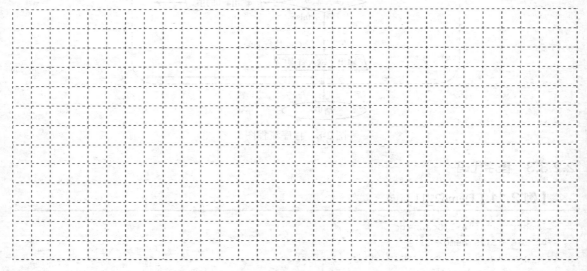

图2-9 输入数据

记一记:

2.2.4 巩固提高

我们在程序中经常会使用各种条件表达式,比如我们学过的 if(条件表达式)以及我们后面将要学到的 while(条件表达式)等,条件表达式会产生一个逻辑值,根据逻辑值的真假来控制程序的流程。条件表达式一般由关系运算或逻辑运算产生,接下来试着写几个常用的条件表达式。

(1)假设有变量 a,如何判断 5≤a≤20?

首先按照数学的思维我们会写出 5<=a<=20,在程序运行中我们会发现这样写是不行的,我们需要把这个式子拆成两个式子,即 a>=5 和 a<=20,并且要求两个条件必须同时满足,此时使用逻辑运算&&。

即结果应为:a>=5&&a<=20

还要考虑运算符的优先级,我们知道>=和<=的优先级要高于&&,所以这个式子是对的,为了提高程序的可读性,我们一般会加上括号。

即:(a>=5)&&(a<=20)

（2）如何判断一个变量 a 是否为偶数？

偶数即能被 2 整除的数，也就是除以 2 余 0，此时使用求余运算符%，即用 a%2 表达 a 除以 2 的余数，再判断它是否等于 0，我们用关系运算符==，这样这个条件表达式最后的结果就是：a%2==0，检查一下优先级，"求余"运算的优先级高于"等于"，所以式子满足要求。

（3）如何判断年份 a 是闰年？

判断闰年需要把多个条件复合在一起，闰年能被 4 整除且不能被 100 整除，或能被 400 整除，这样的年份是闰年。首先进行条件拆分，依题意，可拆分出三个式子，即 a 对 4 求余等于 0、a 对 100 求余不等于 0、a 对 400 求余等于 0，变量 Java 表达式为 a%4==0、a%100!=0、a%400==0。再分析下这三个式子之间的关系，依题意前两个式子应该是同时满足，应该用与运算，前两个条件经过与运算后，与第三个式子是或的关系，这样最后的结果为"a%4==0&&a%100!=0||a%400==0"。

2.2.5 课后习题

1. 使表达式 x <= 0 || x > 100 的值为 false 的选项是（　　）。
   A．x = -5　　　　B．x = 0　　　　C．x = 50　　　　D．x = 150
2. 使表达式 y % 4 == 0 && y % 100 != 0 || y % 400 == 0 的值为 false 的选项是（　　）。
   A．y = 2012　　　B．y = 2000　　　C．y = 1000　　　D．y = 1020
3. 下列修改 x 的表达式中，与其他选项意义不同的是（　　）。
   A．x++　　　　　B．++x　　　　　C．x + 1　　　　D．x = x + 1
4. 使表达式 !(x > 0 && x <= 10) || x == 5 的值为 false 的选项是（　　）。
   A．x = -5　　　　B．x = 5　　　　C．x = 10　　　　D．x = 15
5. 下列代码段执行后，x、y 的值分别为（　　）。
   ```
   int x = 3,y = 5;
   x+= y *= 2;
   ```
   A．3　5　　　　　B．6　10　　　　C．13　10　　　　D．5　10
6. 使表达式 x > 60 && x < 100 的值为 true 的选项是（　　）。
   A．x = 10　　　　B．x = 20　　　　C．x = 80　　　　D．x = 100
7. 下列运算符中，属于一元运算符的是（　　）。
   A．!　　　　　　B．&　　　　　　C．|　　　　　　D．,
8. 若有 int a = 2;则下列语句执行后，a 的值与其他不一样的是（　　）。
   A．a++;　　　　　B．a*=a;　　　　C．a += a;　　　　D．a = a + 2;
9. 若有 int a = 8;则下列语句执行后，a 的值与其他不一样的是（　　）。
   A．a%= 2;　　　　B．a = 4;　　　　C．a = a / 2;　　　D．a = a >> 1;
10. 下列语句中，不能使 a 的值增 1 的是（　　）。
    A．a *= 1;　　　　B．a++;　　　　C．++a;　　　　　D．a = a + 1;
11. Java 中关系表达式的值可能是（　　）。
    A．true 或 false　　　　　　　　　B．0 或 1
    C．true 或 false 或 0 或 1　　　　　D．任意值

12. 若有 int a = 2,b = 0;则下列语句执行后，b 的值与其他不同的是（　　）。
   A．b = a++;　　　　B．b = 3;　　　　C．b = ++a;　　　　D．b = a + 1;
13. 下列运算符中，与其他运算符不属于同一类的是（　　）。
   A．!=　　　　　　　B．-=　　　　　　C．+=　　　　　　　D．*=
14. 若有 int a = 2;则执行下列语句后 a 的值为（　　）。
   a++;
   ++a;
   A．4　　　　　　　　B．3　　　　　　　C．2　　　　　　　　D．5
15. 若有 int a = 2,b=2;则执行下列语句后 a 和 b 的值分别为（　　）。
   b=++a;
   a=b++;
   A．3 4　　　　　　　B．4 4　　　　　　C．3 3　　　　　　　D．4 3
16. 判断字符型变量 ch 是否为小写字母的正确表达式是（　　）。
   A．ch >= 'a' && ch <= 'z'　　　　　B．ch >= 'a' and ch <= 'z'
   C．ch >= 'a' || ch <= 'z'　　　　　D．'a' <= ch <= 'z'
17. 下列运算符中，不属于二元运算符的是（　　）。
   A．++　　　　　　　B．>　　　　　　　C．&&　　　　　　　D．%=

任务2.3　初试锋芒——制作四则运算练习器

2.3.1　任务目标

根据项目描述的功能要求，本任务将制作一个四则运算的练习器，系统随机产生一个四则运算，提示用户输入结果，系统反馈结果是否正确。

需解决问题
1. 如何产生一个随机数？
2. 如何使用 Eclipse 调试 Java 程序？

2.3.2　技术准备

2.3.2.1　生成随机数

随机数的产生在一些代码中很常用，也是我们必须要掌握的。而 Java 中产生随机数的方法主要有两种：

第一种：new Random()

第二种：Math.random()

（1）通过 Random()类产生随机数

Java 可以通过 java.util.Random 类来产生一个随机数发生器，借助不同的语句产生不同类型的数。

基本语法结构如下：

随机函数

① 先通过 import 语句导入 Random 类。
import java.util.Random
② 构造一个 Random 类的对象。
Random ran=new Random
③ 使用 Random 对象的方法生成随机数。
常用的方法有：
.nextInt(n)　　　　返回一个 [0,n] 之间的随机整数。
.nextDouble()　　　返回一个 [0.0, 1.0] 之间的 double 类型的随机数。
.nextFloat()　　　 返回一个 [0.0, 1.0] 之间的 float 类型的随机数。

【例 2.12】 产生三个 [1, 6] 之间的随机整数，如果这三个数相同（如三个 5），显示"恭喜你，掷出三个 5!!"，否则判断三个数的和，若大于 9 则显示"您掷出了 XX 点，大!!"，否则显示"您掷出了 X 点，小!!"。

```java
import java.util.Random;
public class Demo2_12 {
    public static void main(String[] args) {
        int a,b,c,sum;
        Random ran=new Random();//定义Random对象ran
        a=ran.nextInt(6)+1    ;//ran.nextInt(6)产生[0,6]间的随机整数即0~5
        b=ran.nextInt(6)+1    ;//+1 后得到1~6之间的随机整数
        c=ran.nextInt(6)+1    ;
        sum=a+b+c;
        if(a==b&&b==c)    {
            System.out.println("恭喜你，掷出三个"+a+"!! ");
            }
          else if(sum>9){
            System.out.println("您掷出了"+sum+"点，大!! ");
            }
          else {
            System.out.println("您掷出了"+sum+"点，小!! ");
            }
      }
}
```

注意：一定要注意 ran.nextInt(6) 可能产生的随机整数是 0~5，对其加 1 后就可得到 1~6。

练习拓展：把输出语句"您掷出了 XX 点，大/小!!"改为"您掷了 X、X、X 点，共 XX 点，大/小!!"，比如得到的随机数分别为 1、4、5 时，则显示"您掷了 1、4、5 点，共 10 点，大!!"。

（2）通过 Math.random() 产生随机数

程序中我们可以直接通过 Math 类的 random() 方法产生一个 [0.0,1.0) 的 double 型数值，再将这个数放大，如放大 10 倍，就可以得到一个 [0.0,10.0) 之间的随机小数，再借助强制类型转换（int）来进行类型转换就可以得到整数随机数了，代码如下。

```java
public static void main(String[] args)
{
    int max=100,min=1;
```

```
    int ran2 = (int) (Math.random()*(max-min)+min);
    System.out.println(ran2);
}
```

📝 记一记：

2.3.2.2 使用 Eclipse 调试程序

我们前面学习了变量、基本的输入与输出、Java 表达式与运算符、分支语句等相关编程知识，现在已经具备了编写简单程序的能力。俗话说"工欲善其事，必先利其器"，以前编写 Java 代码用的是记事本，但用记事本写代码存在很多不便，不能调试程序，也不适合编写规模较大的程序。因此，接下来我们会讲解如何使用 Eclipse 集成开发工具编写 Java 代码，Eclipse 是免费的集成开发工具，是 Java 开发者首选的 Java 开发工具。

Eclipse 的使用

（1）下载与安装

① 关于 Eclipse 的下载及安装非常简单，首先从 Eclipse 官网下载安装引导文件，如图 2-10 所示。

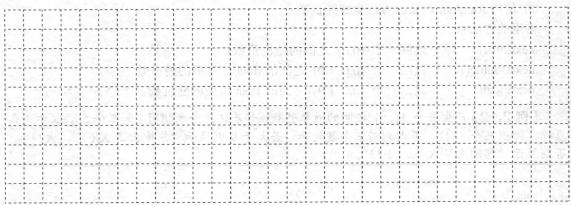

图 2-10 下载 Eclipse

② 双击打开下载的文件，选择第一个也就是 Eclipse IDE for Java Developers，接下来按提示安装就可以了，安装大约需要 10min。如图 2-11 所示。

项目 **2**　四则运算练习小游戏

图 2-11　安装 Eclipse

安装完成后会直接打开 Eclipse 软件，第一次打开会创建一个程序空间，勾选"Use this as the default and do not ask again"，点"Launch"按钮即可，如图 2-12 所示。

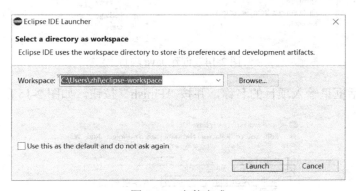

图 2-12　安装完成

这时会出现欢迎屏幕，这样安装工作就完成了。如图 2-13 所示。
Eclipse 都是英文版，一开始大家可能使用起来不习惯，用一段时间就好了。
（2）创建项目、创建 Java 类（Java 文件）
1）几个基本概念
① 工作区（workspace）。工作区是一个目录，程序和程序所需要用到的资源都在

053

图 2-13 欢迎屏幕

workspace 里，中间缓存文件也存在工作区中。

② 项目（Project）。为一个需求所服务的代码文件，一个 workspace 可以拥有多个项目，而 Java 源程序必须归属于某个项目，不能单独存在。

③ 包（Package）。Package 是一个为了方便管理组织 Java 文件的目录结构，并防止不同 Java 文件之间发生命名冲突而存在的一个 Java 特性。不同 Package 中的类的名字可以相同，只是在使用时要带上 Package 的名称加以区分。由于我们前期编写的基本都是单个 Java 文件，因此只需要会建包，并会在包里创建文件即可。

④ 类（Class）。像我们之前用记事本编写的 Java 源文件就是类，扩展名为.java，在 Eclipse 里，Java 类必须包含在一个项目中。

2）创建一个 Java 文件

① 创建 Java 项目。用鼠标单击【File】菜单，在打开的菜单中选择【New】，再选择【Java Project】菜单项，如图 2-14 所示。

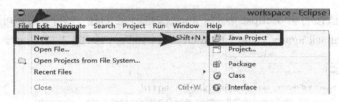

图 2-14 创建 Java 项目

在弹出的对话框里输入项目的名称，并按"Finish"按钮。如图 2-15 所示。

图 2-15 输入项目名称

② 创建一个类之前先创建一个包（为了易于管理）。右键点击 src 文件夹，在弹出的菜单中选择【New】，再点击【Package】，在弹出的对话框中输入包的名称（注意包名不能为java）。

如图 2-16 所示。

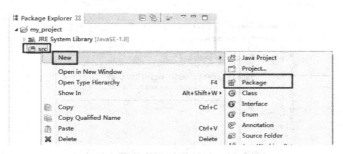

图 2-16　创建一个包

③ 创建 Java 类（程序文件）。在左侧的项目管理器下右键点击新建的包，再点击【New】→【Class】。如图 2-17 所示。

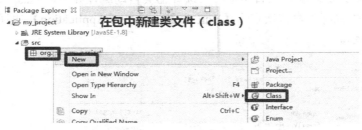

图 2-17　创建 Java 类

在弹出的新建类对话框中输入类名，并勾选下面的"public static void main(String[] args)"复选框。之后按"Finish"按钮就完成了类的创建。如图 2-18 所示。

图 2-18　完成类的创建

新建的文件会自动增加程序的基本结构，这些内容就不用输入了。如图 2-19 所示。

```
 1 package javapackage;
 2
 3 public class Demo1 {
 4
 5     public static void main(String[] args) {
 6         // TODO Auto-generated method stub
 7
 8     }
 9
10 }
11
```

图 2-19　自动增加程序的基本结构

随便输入一条输出语句就可以调试运行了，Eclipse 软件本身就具有查错、提示、调试、运行等功能，这一点要比记事本调试程序方便很多。

如果程序无错误提示就可以直接运行（编译器会自动编译并生成 class 文件），在要运行的 Java 文件上右击鼠标，再依次点击【Run As】→【Java Application】，即可运行该 Java 文件。如图 2-20 所示。

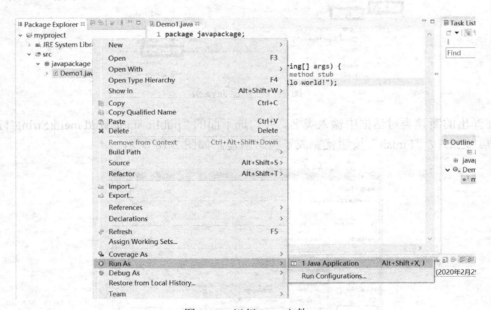

图 2-20　运行 Java 文件

在图 2-21 所示的 Console 窗口中就会显示程序运行的结果。

图 2-21　显示程序运行的结果

3）常用快捷键的使用

删除一行：Ctrl + D，把光标放在要删除行中任意位置，按快捷键即可删除该行；

撤销上一次操作：Ctrl + Z；

重新执行之前的命令：Ctrl + Y；

特殊功能键：Alt + /，使用"Alt + /"可以根据已输入的字符，自动在库中筛选与之匹配的内容。

比如要输入 System.out.println()；

只要输入：syso+"Alt+/"，就可以弹出如图 2-22 所示的提示框，再继续选择即可直接得到结果。

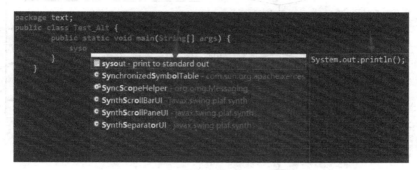

图 2-22　弹出提示框

记一记：

2.3.3　任务实施

2.3.3.1　任务要求

根据项目描述的功能要求，本任务将制作一个四则运算的练习器，系统随机产生一个四则运算，提示用户输入结果，系统反馈结果是否正确。

分支结构
综合应用

2.3.3.2　程序流程图

图 2-23 为程序流程图。

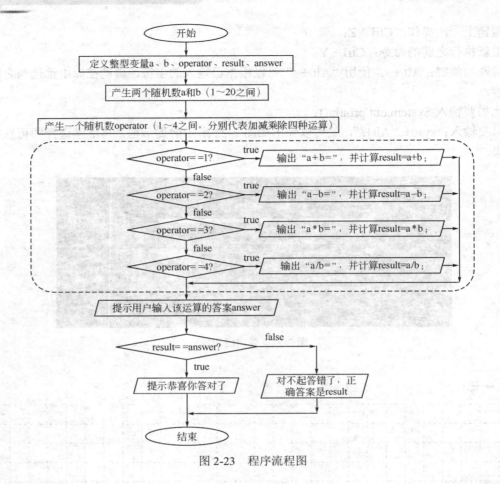

图 2-23　程序流程图

2.3.3.3　程序代码

```java
package javapackage;
import java.util.Random;
import java.util.Scanner;
public class Demo2_13 {
    public static void main(String[] args) {
        int a,b,operator,result=0,answer;
        Random ran=new Random();
        Scanner sc=new Scanner(System.in);
        a=ran.nextInt(20)+1   ;
        b=ran.nextInt(20)+1   ;
        operator=ran.nextInt(4)+1   ;
        switch(operator)   {
            case 1:System.out.print("请输入式子的答案"+a+"+"+b+"=");result=a+b;break;
            case 2:System.out.print("请输入式子的答案"+a+"-"+b+"=");result=a-b;break;
            case 3:System.out.print("请输入式子的答案"+a+"*"+b+"=");result=a*b;break;
            case 4:System.out.print("请输入式子的答案"+a+"/"+b+"=");result=a/b;break;
```

```java
        }
        answer=sc.nextInt();
        if(answer==result) {
            System.out.println("恭喜你,答对了");
        } else {
            System.out.println("你答错了,正确答案是"+result);
        }
    }
}
```

程序解析：程序第 2 行导入 Random 类，之后在第 7 行产生类的一个对象 ran，再通过对象 ran 生成三个整型的随机数。通过 nextInt（20）可以产生一个 0～19 之间的整数，则 nextInt（20）+1，便可得到 1～20 之间的随机数了。

因为无法随机产生+、-、*、/四种符号，所以我们用数字 1～4 来替代+、-、*、/四种符号，用 switch 语句进行判断，并进行相应的显示，同时计算出答案来。

除法因为是整数除法，所以结果只能是整数的商，这里应该给用户一定的提示。

 记一记：

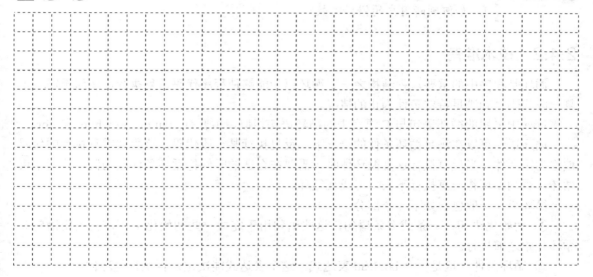

2.3.4 巩固提高

上面的程序用户一旦输入错误就会退出，试修改程序，在用户第一次输入失败时，提示用户再输入一次，并再次进行判断。尝试使用之前讲过的窗口式的输出语句输出运算的结果。

2.3.5 课后习题

1. 若想使用 Random 类生成随机数，应该使用的 import 语句是_____
_____。
2. 定义一个 Random 对象 r 的语句是_____。

3. 假设已经定义了一个 Random 对象 r，那么产生一个 10～20 之间随机整数的语句是 a=_____。
4. 使用 Eclipse 创建一个 Java 文件被称为_____。
5. 在 Eclipse 中快速输入 System.out.print()的方法是_____。

任务2.4 大显身手——制作四则运算小游戏

2.4.1 任务目标

根据项目描述的功能要求，本任务将制作一个四则运算的小游戏，系统反复随机产生四则运算，提示用户输入结果，根据结果判断对错并给出提示，之后再出现下一题，用户继续作答，累计两次答案错误，程序结束。结束后给出本次游戏成绩情况。

> **需解决问题**
> 1. 如何反复完成某项操作？
> 2. 如何判断用户的错误次数？

2.4.2 技术准备

循环是程序中的重要流程结构之一。循环语句能够使程序代码重复执行，适用于需要重复一段代码直到满足特定条件为止的情况。

Java 中采用的循环语句与 C 语言中的循环语句相似，主要有 while、do-while 和 for。

循环语句可以在满足循环条件的情况下，反复执行某一段代码，这段被重复执行的代码被称为循环体。当反复执行这个循环体时，需要在合适的时候把循环条件改为假，从而结束循环，否则循环将一直执行下去，形成死循环。

循环语句一般包含如下 4 个部分。

① 初始化语句：一条或多条语句，这些语句用于完成一些初始化工作，初始化语句在循环开始之前执行。

② 循环条件：这是一个 boolean 表达式，这个表达式能决定是否执行循环体。

③ 循环体：这个部分是循环的主体，如果循环条件允许，这个代码块将被重复执行。如果这个代码块只有一行语句，则这个代码块的大括号是可以省略的。

④ 迭代语句：这个部分在一次循环体执行结束后，对循环条件求值之前执行，通常用于控制循环条件中的变量，使得循环在合适的时候结束。

上面 4 个部分只是一般性的分类，并不是每个循环中都清晰地分出了这 4 个部分。

本章主要讲解 while 和 do-while。关于 for 循环，将在后续任务中介绍。

（1）while 语句

while 语句是 Java 最基本的循环语句，是一种先判断的循环结构，可以在一定条件下重复执行一段代码。该语句需要判断一个测试条件，如果该条件为真，则执行循环语句（循环语句可以是一条或多条），否则跳出循环。

while 循环

while 循环语句的语法结构如下：

```
while(条件表达式) {
    语句块;
}
```

其中语句块中的代码可以是一条或者多条语句，而条件表达式是一个有效的 boolean 表达式，它决定了是否执行循环体。当条件表达式的值为 true 时，就执行大括号中的语句块。

执行完毕，再次检查表达式是否为 true，如果还为 true，则再次执行大括号中的代码，否则就跳出循环，执行 while 循环之后的代码。正常情况下语句块里应该有一条语句可以改变循环条件，使其在合适的时候为 false，以便跳出循环。图 2-24 表示了 while 循环语句的执行流程。

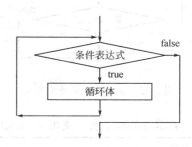

图 2-24　while 循环语句的执行流程

【例 2.13】使用 while 语句计算 10 的阶乘，其具体代码如下所示。

```
public static void main(String[] args) {
    int i = 1;
    int n = 1;
    while(i <= 10) {
        n=n*i;
        i++;
    }
    System.out.println("10 的阶乘结果为: "+n);
}
```

使用 while 求阶乘

在上述代码中，定义了两个变量 i 和 n，循环每执行一次 i 值就加 1，判断 i 的值是否小于等于 10，并利用 n=n*i 来实现阶乘。当 i 的值大于 10 之后，循环便不再执行并退出循环。

运行程序，执行的结果如下所示：

10 的阶乘结果为: 3628800

（2）do-while 语句

如果 while 循环一开始条件表达式就是假的，那么循环体就根本不被执行。然而，有时需要在开始时条件表达式即使是假的情况下，while 循环至少也要执行一次。换句话说，有时需要在一次循环结束后再测试中止表达式，而不是在循环开始时。这时候我们就需要使用 do-while 循环。do-while 循环语句也是 Java 中运用广泛的循环语句，它由循环条件和循环体组成，但它与 while 语句略有不同。do-while 循环语句的特点是先执行循环体，然后判断循环条件是否成立。

do-while 语句的语法格式如下：

```
do {
    语句块;
}while(条件表达式);
```

以上语句的执行过程是：首先执行一次循环操作，再判断 while 后面的条件表达式是否为 true，如果循环条件满足，循环继续执行，否则退出循环。while 语句后必须以分号表示循环结束，其运行流程如图 2-25 所示。

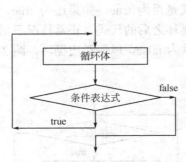

图 2-25 do-while 循环流程图

【例 2.14】编写一个程序，计算 10 的阶乘。使用 do-while 循环的代码如下所示。

```java
public static void main(String[] args) {
    int number = 1,result = 1;
    do {
        result*=number;
        number++;
    }while(number <= 10);
    System.out.print("10 阶乘结果是："+result);
}
```

程序运行后输出结果如下：

10 阶乘结果是：3628800

【例 2.15】在一个图书系统的推荐图书列表中保存了 50 条信息，现在需要让它每行显示 10 条，分 5 行进行显示。下面使用 do-while 循环语句来实现这个效果，其具体代码如下所示。

```java
public static void main(String[] args) {
    int bookIndex = 1;
    do {
        System.out.print(bookIndex+"\t");
        if(bookIndex%10 == 0) {
            System.out.println();
        }
        bookIndex++;
    }while(bookIndex<51);
}
```

在上述代码中，声明一个变量 bookIndex 用来保存图书的索引，该变量赋值为 1 表示从第一本开始。在 do-while 循环体内，首先输出了 bookIndex 的值，然后判断 bookIndex 是否能被 10 整除，如果可以则说明当前行已经输出 10 条，用 System.out.println()语句输出了一个换行符。之后使 bookIndex 加 1，相当于更新当前的索引。最后在 while 表达式中判断是否超出循环的范围，即 50 条以内。

运行程序，执行的结果如下所示。

```
1   2   3   4   5   6   7   8   9   10
11  12  13  14  15  16  17  18  19  20
21  22  23  24  25  26  27  28  29  30
31  32  33  34  35  36  37  38  39  40
41  42  43  44  45  46  47  48  49  50
```

（3）while 和 do-while 的比较

① while 循环和 do-while 循环的相同处是：都是循环结构，使用 while（循环条件）表示循环条件，使用大括号将循环操作括起来。

② while 循环和 do-while 循环的不同处如下。

a．语法不同：与 while 循环相比，do-while 循环将 while 关键字和循环条件放在后面，而且前面多了 do 关键字，后面多了一个分号。

b．执行次序不同：while 循环先判断，再执行。do-while 循环先执行，再判断。

一开始循环条件就不满足的情况下，while 循环一次都不会执行，do-while 循环则不管什么情况下都至少执行一次。

记一记：

2.4.3 任务实施

2.4.3.1 任务要求

根据项目描述的功能要求，将制作一个四则运算的小游戏，系统随机产生一个四则运算，提示用户输入结果，系统判断对错并给出相应提示，并继续出下一题，反复出题答题，直至答错两个题退出循环，并显示出最终总体的答题情况。

2.4.3.2 程序流程图

图 2-26 为程序流程图。

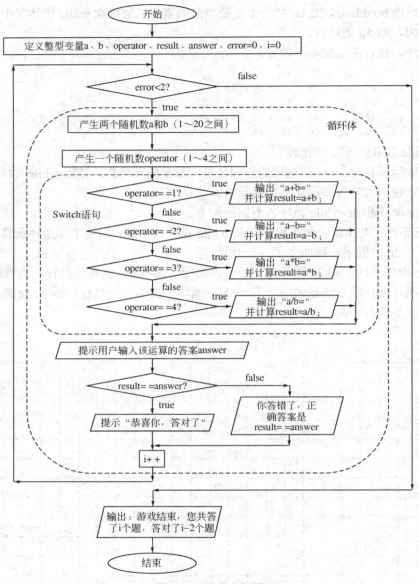

图 2-26　程序流程图

2.4.3.3　程序代码

```
import java.util.Random;
import java.util.Scanner;
public class Demo2_14 {
    public static void main(String[] args) {
        int a,b,operator,result=0,answer,error=0,i=0;
        Random ran=new Random();
        Scanner sc=new Scanner(System.in);
        while(error<2) {
            a=ran.nextInt(20)+1    ;
            b=ran.nextInt(20)+1    ;
            operator=ran.nextInt(4)+1    ;
```

```java
            switch(operator)    {
                case 1:System.out.print("请输入式子的答案"+a+"+"+b+"=");result=a+b;break;
                case 2:System.out.print("请输入式子的答案"+a+"-"+b+"=");result=a-b;break;
                case 3:System.out.print("请输入式子的答案"+a+"*"+b+"=");result=a*b;break;
                case 4:System.out.print("请输入式子的答案"+a+"/"+b+"=");result=a/b;break;
            }
            answer=sc.nextInt();
            if(answer==result) {
                System.out.println("恭喜你,答对了");
            } else {
                System.out.println("你答错了,正确答案是"+result);
                error++;
            }
            i++;
        }
        System.out.println("游戏结束,您共答了"+i+"个题,答对了"+(i-2)+"个题");
    }
}
```

运行结果见图2-27。

图2-27 运行结果

记一记:

2.4.4 巩固提高

修改程序，定义一个字符串，使其存储用户做过的所有试题和其回答的答案（标识错题）在程序运行结束时显示给用户，每个式子之间用制表位(\t)分隔，每行(\n)5 个式子（使用窗口式输出语句完成）。

2.4.5 课后习题

1. 由命令行输入一个整数 n，求 s=1*1+2*2+3*3+…+n*n。
（1）使用 while 语句
（2）使用 do-while 语句
2. 由命令行输入一个正整数 n，判断这个数是几位数。
3. 由命令行输入一个正整数 n，输出其所有因数。
4. 由命令行输入一个正整数 n，求下列式子的值。
（1）s=1+2+3+4+…+n
（2）s=1+1/2+1/3+1/4+…+1/n
（3）s=1−1/2+1/3−1/4+…+1/n(或−1/n)
（4）s=1*2*3*4*…*n（即 s=n!）
（5）s=1!+2!+3!+4!+…+n!
5. 一竹竿长 10m，每日截取一半，过多少天后，竹竿长度才会小于 10cm？
6. 利用随机数类 Random，设计一个程序由计算机发牌给 4 位玩家，每人发 1 张，并输出每位玩家所分得的花色和点数，梅花以 C、方块以 D、红心以 H、黑桃以 S 表示，牌点以 A、2、3、4、5、6、7、8、9、10、J、Q、K 表示。

项目 3 学生成绩管理

【项目背景】 编写实现一个学生成绩管理的功能程序，首先用户通过用户名与密码登录验证登录系统，系统用于管理 2020 级计算机 01 班 5 名同学的 2 门课程（《程序设计基础》和《网络技术基础》）的成绩，用户可以查询、修改学生成绩，统计每名学生、每门课程的总成绩与平均成绩，查看班级学生排名。学生信息与成绩如表 3-1 所示。

表 3-1　2020 级计算机 01 班学生成绩

学号	姓名	程序设计基础	网络技术基础
20201001	张志强	85	77
20201002	刘建国	74	85
20201003	陈小刚	69	74
20201004	卢　怡	93	85
20201005	李　嵩	78	67

任务3.1　牛刀小试——建立成绩数组

3.1.1　任务目标

根据项目描述的功能要求，本任务需要将班级学生的《程序设计基础》与《网络技术基础》两门课程的成绩录入存储到系统中，同时能以优化的方式进行存取，并且能够将成绩打印输出、统计输出每门课程的总分与平均分。

需解决问题
1. Java 程序设计中如何实现多个数值的存储？
2. 循环结构 for 语句有几种格式框架？
3. 如何实现数组的遍历？

3.1.2 技术准备

3.1.2.1 数组

（1）什么是数组

数组定义与使用

运行程序时经常需要存储大量的数据，例如，读入100个数并计算它们的平均值，找出有多少个数大于平均值。程序首先读入这些数，计算它们的平均值，然后用每个数与平均值比较，看是否大于平均值。要完成这个任务，必须将这些数全部存储到变量中。这样就得说明100个变量，重复书写100次几乎相同的代码。从实际角度看，这样编写程序是不可能的，所以需要一个高效的组织方法。包括Java在内的所有高级语言都提供了一种叫数组（array）的数据结构，可以用它来存储一个元素个数固定的有序集，其元素类型相同。

数组是具有相同数据类型的变量集合，这些变量都可以通过索引进行访问。数组中的变量称为数组的元素；数组能够容纳元素的数量称为数组的长度。数组中的每个元素都拥有同一个数组名。

根据数组的维度来划分，数组主要分为一维数组、二维数组和多维数组。Java语言中的数据类型可以分为基本数据类型和引用类型，所以数组的类型也有基本数据类型的数组和引用类型的数组。

（2）一维数组

一维数组是一组具有相同类型的数据的集合，一维数组中的元素是按顺序存放的。

① 声明数组变量。要在程序中使用数组，首先需要声明引用数组的变量，并指明变量可引用的数组类型。一维数组的声明有两种方式，一般语法格式如下：

数据类型 数组名[ ];
数据类型[ ] 数组名;

数据类型：指明数组中元素的类型。它可以是Java中的基本数据类型，也可以是引用类型。

数组名：指一个合法的Java标识符。

中括号"[ ]"：表示数组的维数。一个"[ ]"表示一维数组。

【例3.1】声明一个用于存储整型数据的数组变量，代码如下：

```
int array[];
int[] array1[];
```

② 数组的内存分配。声明数组后，还不能对数组中的元素进行访问，声明只是指出了数组的名称和数组中元素的数据类型。使用数据前应先为数组分配内存空间，分配内存空间时必须指明数组的长度。为数组分配内存空间语法格式如下：

数组名=new 数据类型[数组长度];

数组名：已经声明的数组的名称。

new：为数组分配内存空间的关键字。

数组长度：指明数组中元素的个数。

数组的声明也可以和数组的内存分配放在一起，语法格式如下：

数组类型[ ] 数组名=new 数据类型[数组的长度];

当声明了数组之后，它就不能再修改。其中数组的长度是必须要指定的。

【例 3.2】 为声明的数组分配内存。具体代码如下：

```
array= new int [8];            //为声明的数组分配内存
int array[]= new int[8];       //声明数组并分配内存
```

③ 数组的元素。数组中的每个元素都拥有同一个数组名，通过数组的下标来唯一确定数组中的元素。

一般格式如下：

数组名[下标]

数组名：数组的名称。

下标：下标的值范围是 0 到"数组元素个数-1"。

维数组的长度表示格式如下：

一维数组名.length

【例 3.3】 数组下标的使用。具体代码如下：

```
int array[]= new int[3];
array[0] =1;        //表示数组中的第一个元素
array[1]= 2;        //表示数组中的第二个元素
array [2]= 3;       //表示数组中的最后一个元素
```

④ 数组的赋值。声明一维数组时，可以直接对数组赋值，将赋给数组的值放在大括号中，多个数值之使用逗号隔开。声明并初始化数组的一般格式如下：

数据类型 数组名[]={初值1,初值2,初值3,…,初值n};

在数组声明时，不需要指明数组元素的个数，Java 编译器会根据给出的初值个数确定数组的长度。

【例 3.4】 声明数组时初始化。具体代码如下：

```
int array[]={5,8,12,25,36};
```

当然，也可以在一维数组分配内存空间后，再对数组赋值，如例 3.3。

记一记：

3.1.2.2　for 循环结构

for 循环的基本结构如下：

```
for(表达式1;表达式2;表达式3)
{
    //循环体
}
```

for 循环结构

表达式1用于初始化，在整个循环过程只执行一次；表达式2的结果应该为逻辑值，决定是否循环，如果为true，则继续循环，如果为false，则结束循环；表达式3在每次循环完成之后执行，主要的作用是修改循环变量，循环多少次就会执行多少次；循环体就是要循环执行的部分。如果循环体只有一行代码，循环体的大括号可以省略。

执行的具体过程如下：
① 首先执行表达式1，进行初始化；
② 然后执行表达式2，如果结果为true，执行第③步，如果结果为false，执行第⑤步；
③ 执行循环体；
④ 执行表达式3，转向表达式2；
⑤ 结束。

从这个过程可以看出，表达式2→循环体→表达式3形成了一个循环，表达式1仅仅在循环之前来完成初始化，表达式2决定是否循环，下面看一个例子。

【例 3.5】 求 1~100 这 100 个整数的和。

分析：如果人工计算可以这样来做 1+2+3+4+…，当然这样写让计算机做也可以，但是如果计算 1~10000 这 10000 个整数的和怎么办呢？写起来太累了，所以不能这样来写。计算 1~100 这些整数的和，可以这样理解：刚开始"和"为 0，第一次把 1 加到"和"上，第二次把 2 加到"和"上，第三次把 3 加到"和"上……加到 100 为止，最终就得到这个"和"了。相当于每次都向"和"上加一个数字，重复做 100 次，不同的是每次加的值不一样，这样可以设置一个变量，然后每次在计算之后修改这个变量的值就可以了，假设这个变量为 i，可以先让 i 等于 1，执行完之后，让 i 等于 2……这样就可以使用 for 循环来完成了。

首先需要定义一个"和"，这里使用 sum，初始值为 0，可以这样写：

`int sum=0;`

然后定义变量 i，每次循环的时候使用：

`int i;`

刚开始 i 等于 1，这个可以通过循环结构中的表达式 1 完成，表达式 1 完成的就是初始化任务，所以表达式 1 可以写成：

`i=1;`

循环中要完成的工作就是把 i 添加到和上，所以循环体应该这样写：

`sum=sum+i;`

每次循环完之后，需要改变 i 的值，怎么改变呢？从 1 到 100，1 用完了是 2，2 用完了是 3，每次都是在原来的基础上加 1，每次循环完之后都要改变 i 的值，所以可以使用表达式 3，表达式 3 就是在完成循环之后执行的。所以表达式 3 可以写成：

i++;

最后一个问题，就是循环到什么时候呢？要计算 1~100 的和，所以当 i<=100 时需要把 i 加到"和"上，如果 i>100，就不需要再循环了，所以循环的条件是 i<=100，表达式 2 用于控制循环是否继续，所以表达式 2 的内容就可以写成：

```
i<=100
```

这样循环结构的几个部分都有了，所以得到下面的代码：

```
public class Test For {
public static void main(String[]args){
//sum 存储和
int sum=0;
//i 表示循环变量
int i;
//i=1 完成循环变量的初始化，i<=100 表示循环的条件,
//i++修改循环变量的值
for(i=1,i<=100,i++){
//循环体
    sum+=i;
        }
            System.out.println("和为: "+sum);
        }
    }
```

编译运行程序，结果为：

和为: 5050

在使用 for 循环的时候，必须明确几点：

① 要循环执行哪些语句，也就是循环体；
② 循环的初始状态是什么，也就是表达式 1 的内容；
③ 每次循环的区别在什么地方，如何修改这些变化的内容，也就是表达式 3 的内容的确定；
④ 确定循环的条件，循环到什么时候为止，也就是表达式 2 的内容。

for 循环结构还会出现下面的一些特殊结构情况，但也都是 for 循环的合理结构：

① 表达式 1 用于初始化，并且只执行一次，所以可以认为与循环无关，可以把初始化放在循环之前完成，这样就会形成下面的结构：

```
表达式1
for(;表达式2;表达式3)
{
//循环体
}
```

这样上面的求和代码可以变成下面的代码（main 方法中的部分）：

```
int sum=0;
int i;
i=0;
//表达式1 是一个空，但是分号不能省略
for(;i<=100;i++)
{
sum+=i;}
```

```
System.out.println("和为:"+sum);
```

② 每次循环之后使用表达式 3 修改循环变量的值,只要循环一次,表达式 3 就会执行一次,所以可以把表达式 3 放在循环体的里面,效果是完全相同的,所以就有了下面的格式:

```
for(表达式1;表达式2;)
    {
    //循环体
    表达式3
}
```

上面的代码可以改成下面的样子:

```
int sum=0;
int i,
for(i=0;i<=100;)
{
sum+=1;
i++;
}
        System.out.println("和为: "+sum);
```

③ 表达式 2 也可以省略,如果省略,循环就没有条件,循环也就不会在这里结束,相当于表达式 2 的值为 true。那么怎么让循环停止呢?可以在循环体内结束循环,使用前面讲到的 break。可以把 for 循环改成下面的格式:

```
for(表达式1;;表达式3)
{
    if(!表达式2)
    break;
    //循环体
}
```

其中原来的表达式 2 是循环条件,现在需要的是结束循环的条件,所以需要对表达式 2 取反。按照这种结构,上面的代码可以写成:

```
int sum=0;
int i;
for(i=0;;i++)
{
if(!(i<=100))
break;
sum+=i;
}
System.out.println("和为: "+sum);
```

④ 最典型的情况是 3 个表达式全部省略,形成下面的结构:

```
表达式1
for(;;)
{
    if(!(表达式2))
        break;
    //循环体
    表达式3
}
```

上面的代码也就变成了：
```
int sum=0;
int i;
i=0;
for(;;)
{
sum+i;
    i++;
if(i>100)
   break;
   }
   System.out.println("和为："+sum);
```

注意：
① 不管怎么变化，for 循环中用于分割 3 部分的分号不能少。
② for()括号后不能加分号，如果加了，相当于循环体是空语句。

下面是 for 循环的 8 种形式：
- for(表达式 1;表达式 2;表达式 3){……}
- for(;表达式 2;表达式 3){……}
- for(表达 1;;表达式 3){……}
- for(表达式 1;表达式 2;){……}
- for(;;表达式 3)() {……}
- for;(表达式 2;)(*) {……}
- for(表达式 1;;) {……}
- for(;;){……}

记一记：

3.1.2.3 遍历数组

遍历数组就是取得数组中的每个元素，一般使用 for 循环来实现。下面我们来学习如何遍历一维数组。

遍历一维数组，使用一层 for 循环完成，需要使用数组的 length 属性获取数组的长度。

数组的遍历与输出

【例3.6】输出一维数组元素。

```
public class Array1{
public static void main(String[] args){
int array[]={1,2,3,4,5,6};
System.out.println("输出数组中的元素:");
for(int i=0;i<array.length;i++){
System.out.print(array[i]+"");
        }
    }
}
```

编译运行程序,结果为:

输出数组中的元素:
1 2 3 4 5 6

【分析】在本案例中,声明了一个一维数组 array,并在声明时初始化。再通过 for 循环输出数组元素。其中 array.length 指一维数组的长度。

📝 记一记:

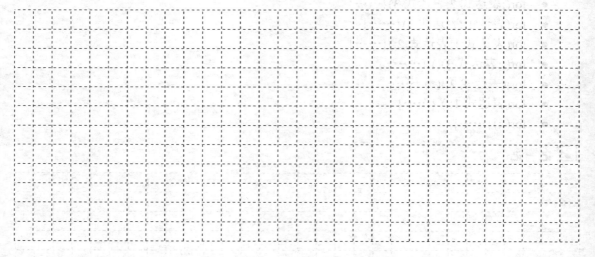

3.1.2.4 数组排序

排序是计算机程序设计中常见的工作。排序有很多不同的算法,比如冒泡排序、选择排序、插入排序、快速排序、希尔排序等。下面主要介绍冒泡排序与选择排序的方法。

（1）冒泡排序

冒泡排序（Bubble Sort）是一种计算机科学领域较简单的排序算法。冒泡排序就是比较相邻的两个数据,小数放在前面,大数放在后面,这样一趟下来,最小的数就被排在了第一位,第二趟也是如此,依此类推,直到所有的数据排序完成。这样数组元素中值小的就像气泡一样从底部上升到顶部。

【例3.7】一维数组元素使用冒泡算法排序。

```
public class ArrayBubble{
    public static void main(String[] args){
```

```java
        int array[]={19,7,9,15,6,2};  //定义并声明数组
        int temp=0;//临时变量
        //输出未排序的数组
        System.out.println("未排序的数组: ");
            for(int i=0;i<array.length();i++){
            System.out.print(array[i]+"");
        }
        System.out.println();
        //通过冒泡排序为数组排序
        for(int i=0;i<array.length;i++){
            for(int j=i+1;j<array.length();j++){
                if(array[i]>array[j]){
                //比较两个的值，如果满足条件，执行if语句
                //将array[i]的值和array[j]的值作交换,将值小的给array[i]
                    temp=array[i];//将array[i]的值交给临时变量temp
                    array[i]=array[j];//将两者中值小的 array[j]赋给array[i]
                    array[j]= temp;  //将temp中暂存的大值交给array[j],
                //完成一次值的交换
                }
            }
        }
        //输出排好序的数组
        System.out.println("冒泡排序，按由小到大的数组: ");
        for(int i=0;i<array.length;i++){
            System.out.print(array[i]+"");
        }
    }
}
```

编译运行程序，结果为：

未排序的数组：
19 7 9 15 6 2
冒泡排序，按由小到大的数组：
2 6 7 9 15 19

例3.7中声明并初始化了一个一维数组，通过for循环输出原数组的元素。通过冒泡排序算法，对一维数组进行排序。使用冒泡算法进行排序时，首先比较数组中前两个元素即array[i]和array[j]，借助中间变量temp，将值小的元素放到数组的前面即array[i]中，将值大的放在数组的后边即array[j]中。最后将排序后的数组输出。

（2）选择排序

选择排序（Selection Sort）是一种简单直观的排序算法。它的工作原理是每一次从待排序的数据元素中选出最小（或最大）的一个元素，存放在序列的起始位置，直到全部待排序的数据元素排完。选择排序是不稳定的排序方法。

【例3.8】一维数组元素使用选择排序算法排序。

```java
public class ArraySelect {
    public static void main(String[] args){
        int array[]={19,7,9,15,6,2};//定义并声明数组
        int temp=0;
```

```java
//输出未排序的数组
System.out.println("未排序的数组：");
for(int i=0;i<array.length();i++){
    System.out.print(array[i]+"");
    System.out.println();
    //选择排序
    for(int i=0;i<array.length();i++){
        int index=i;
        for(int j=i+1;j<array.length();j++){
            if(array[index]>array[j]){
                index=j;//将数组中值最小的元素的下标找出，放到index中
            }
        }
        if(index!= i){  //如果值最小的元素不是下标为i的元素，将两者交换
            temp=array[i];
            array[i]=array[index];
            array[index]=temp;
        }
    }//输出排好序的数组
    System.out.println("选择排序，由小到大的数组:");
    for(int i=0;i<array.length();i++){
        System.out.print(array[i]+"");
    }
}
}
```

嵌套循环

for 语句的嵌套

编译运行程序，结果为：

未排序的数组：
19 7 9 15 6 2
选择排序，由小到大的数组：
2 6 7 9 15 19

记一记：

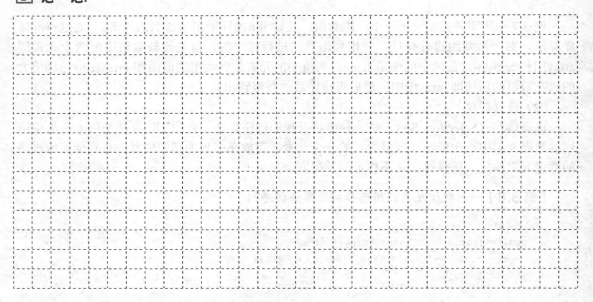

3.1.3 任务实施

使用一维数组存储程序设计基础的学生成绩，程序代码如下：

```java
import java.util.*;
class StuGrade{
    public static void main(String args[]){
int grade[]=new int[5];
Scanner in=new Scanner(System.in);
System.out.println("请依顺序输入每个Java课程成绩：");
/*向数组中输入每一个元素的值，即成绩分数*/
for(int i=0;i<5;i++){
    grade[i]=in.nextInt();
}
}
}
```

3.1.4 巩固提高

多维数组可以看成是数组的数组，比如二维数组就是一个特殊的一维数组，其每一个元素都是一个一维数组，也可以看作是一个二维表格，但其中只能存放同一类型的数据。下面介绍二维数组的定义与遍历，三维以上的数组在应用中很少出现。

三种循环的比较

（1）定义二维数组

与定义一维数组类似，定义二维数组也有以下两种形式。

① 数组元素类型[][] 数组名称；

例如：int[][] array;

② 数组元素类型 数组名称[][];

例如：String str[][];

二维数组的定义与使用

（2）创建二维数组与初始化

与初始化一维数组类似，初始化二维数组也有以下两种方法。

① 按照顺序依次给每个元素赋值。例如给数组 results 赋值。

```java
int[][] results;
results=new int[2][3];
results[0][0]=67;
results[0][1]=97;
results[0][2]=100;
results[1][0]=89;
results[1][1]=73;
results[1][2]=65;
```

② 在定义数组的同时直接给数组赋初值。整个初值数据用大括号括起来，其中的每一行初值也必须用大括号括起来，用逗号分隔开。内层大括号内的数值也要用逗号分隔开。例如：

```java
int[][] results={{84,77,100},{98,63,65}};
```

（3）二维数组的遍历

遍历二维数组比遍历一维数组稍微麻烦一些，需要使用双层 for 循环，使用数组的 length 属性获得数组的长度。

【例 3.9】 定义二维数组 array，声明时初始化，通过双层 for 循环在控制台输出数组元素。

```java
public class Array1 {
    public static void main(String[] args){
        int array[][]={{1,2,3},{4,5,6},{7,8,9}}; //声明二维数组时初始化
        //输出数组 array 的值
        System.out.println("输出二维数组 array 的值:");
        for(int i=0;i<array.length;i++)t//二维数组中第一维
            for(int j=0;j<array[i].length;j++)//二维数组中第二维
                System.out.print(array[i][j]+"");
            }
            System.out.println();//二维数组中第二维的值，输出在一行
        }
    }
}
```

二维数组的遍历

使用一维数组存储网络技术基础课程的成绩，使用二维数组存储两门课程的成绩。

3.1.5 课后习题

1. 假设 array 是一个有 10 个元素的整型数组，则下列写法中正确的是（　　）。
   A. array[0]=10　　B. array[10]=0　　C. array=0　　D. array[-1]=0

2. 下列数组的初始化正确的是（　　）。（多选题）
   A. int score = { 90, 12, 34, 77, 56};
   B. int[ ] score = new int[5];
   C. int[ ] score = new int[5] { 90, 12, 34 , 77, 56};
   D. int score[ ] = new int[]{ 90, 12, 34, 77, 56};

3. 定义一个数字 String[ ] fruits={"苹果","香蕉","梨","草莓","橘子","橙子","菠萝"}，数组中的 fruits[6]指的是（　　）。
   A. 苹果　　　　B. 橙子　　　　C. 菠萝　　　　D. 数组越界

4. 下列语句会造成数组 int a[]=new int[10]越界的是（　　）。
   A. a[0] += 9;
   B. a[9] = 10;
   C. -a[9];
   D. forint i=0;i=10;i++ { a[i]++; }

5. 数组可以存储（　　）个数值。
   A. 0　　　　B. 1　　　　C. 不能　　　　D. 随数组大小而定

6. 以下表示数组正确的是（　　）。
   A. int a[ ]=new int[6];
   B. int a()=new int a(6);
   C. a[ ]=new a[6];
   D. a()=new a(6)

7. 数组的类型分为（　　）。（多选题）
   A. 一维数组　　B. 二维数组　　C. 变量数组　　D. 多维数组

8. 下面定义数组的语句错误的是（　　）。
   A. char[][][] c;
   B. double[] numbers={1,2,3};

C. double My_income=new{(2.3,6.8),(2.0,47.6)};
D. String[] str=new st[10];

9. 使用数组，编写一个可以输入 20 个学生的数学成绩，并可以统计显示他们的总分、平均分、最低分和最高分的程序。

10. 使用 for 循环结构编写一个程序，实现计算 1!+2!+3!+…+10!。

任务3.2 初试锋芒——建立学生数组

3.2.1 任务目标

根据项目描述的功能要求，本任务需要将班级学生的基本信息（学号与姓名）录入存储到系统中，同时能以优化的方式进行存取，并且能够打印输出学生的信息。

需解决问题
1. Java 中字符串类型的本质是什么？
2. Java 程序设计中如何实现多个字符串的存储？
3. 字符串类型的数据包含哪些操作？
4. 如何实现字符串的类型转换？

3.2.2 技术准备

3.2.2.1 字符串的本质

字符串操作 1

字符串广泛应用在 Java 编程中，在 Java 中字符串属于对象，Java 提供了 String 类来创建和操作字符串。String 类即字符串，它本质是字符数组。String 类是 Java 中的文本数据类型。下面为大家介绍 String 类的使用。

（1）定义 String 类

字符串是由字母、数字、汉字及下划线组成的一串字符。字符串常量是用双引号括起来的内容。Java 程序中的所有字符串字面值（如"China"）都作为此类的实例实现。字符串是常量，它们的值在创建之后不能更改，但是可以使用其他变量重新赋值的方式进行更改。

（2）创建 String 类

创建 String 类有两种方式：一种是直接使用双引号赋值；另一种是使用 new 关键字创建对象的方式。

1）直接创建

直接使用双引号为字符串常量赋值，一般语法格式如下：

```
String 字符串名="字符串";
```

其中，字符串名是一个合法的标识符，例如"str"；字符串由字符组成，例如"China"。创建方式如下：

```
String str="China";
```

2）用 new 关键字创建

在 java.lang 包中的 String 类有多种重载的构造方法，可以通过 new 关键字调用 String 类的构造方法创建字符串。

① public String()。初始化一个新创建的 String 类对象,使其表示一个空字符序列。由于 String 是不可变的,具体方法如下:

```
String str=new String();
```

使用 String 声明的空字符串,它的值不是 null (空值),而是"",它是实例化的字符串对象,但是不包含任何字符。

② public String(String original)。初始化一个新创建的 String 类对象,使其表示一个与参数相同的字符序列,即新创建的字符串是该参数字符串的副本。因为 String 是不可变的,所以此构造方法一般不用,除非需要 original 的显式副本,参数 original 是一个字符串。创建方法如下:

```
String str1=new String("Hello China");
```

③ public String(char[] value)。分配一个新的 String 类对象,使其表示字符数组参数中当前包含的字符序列。该字符数组的内容已被复制,后续对字符数组的修改不会影响新创建的字符串。字符数组 value 的值是字符串的初始值,实现方法如下:

```
char[] c={'C','h','i','n','a'};
String str2=new String(c);
```

④ public String(char[] value,int offset,int count)。分配一个新的 String 类对象,它包含取自字符数组参数一个子数组的字符。offset 参数是子数组第一个字符的索引,count 参数指定子数组的长度。该子数组的内容已被复制,后续对字符数组的修改不会影响新创建的字符串,实现方法如下:

```
char[] c={'H','e','l','l','o',' ','C','h','i','n','a'};
String str3=new String(C,7,5);
```

此时字符串 str3="China"。当修改字符数组中的字符时字符串 s 的值没有影响。

在 Java 语言中 String 类是不可改变的,所以一旦创建了 String 对象,它的值就无法改变了,如果需要对字符串做很多修改,那么应该选择使用 StringBuffer 和 StringBuilder 类。

📝 记一记:

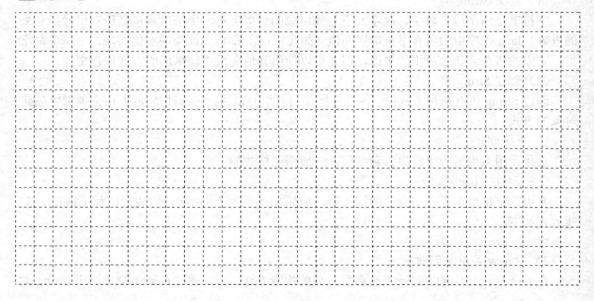

3.2.2.2 字符串的操作

JDK 的 API 中的 String 类提供了许多操作方法,都在 java.lang 包中。下面学习关于字符串操作的各种方法的使用。

(1) 获取字符串长度

用于获取有关对象的信息的方法称为访问器方法。String 类的一个访问器方法是 length() 方法,在 Java 语言中用于获取字符串的长度。其基本语法格式如下:

```
字符串变量.length();
```

【例 3.10】获得字符串的长度。

具体代码如下:

```java
public class StringDemo {
    public static void main(String args[]) {
        char[] c={'H','e','l','l','o','C','h','i','n','a'};
        String str=new String(c);
        int len=str.length();//获得字符串的长度
            System.out.println( "字符串c的长度为: " + len );
        }
}
```

编译运行程序,结果为:

```
字符串c的长度为: 10
```

(2) 去除字符串的空格

在字符串的开头和结尾处,有时会带有一些空格,这会影响对字符串的操作,一般使用 String 类中的 trim()方法去除空格。其基本语法格式如下:

```
字符串变量.trim();
```

【例 3.11】去除字符串的空格。

```java
public class StringDemo {
  public static void main(String[] args){
    String str="  Hello China   ";
    System.out.println("使用 trim()前: '"+str+"'");
    str=str.trim();//去除字符串中的空格
    System.out.println("使用 trim()后: "+str+"'");
    }
}
```

编译运行程序,结果为:

```
使用trim()前: □□Hello China□□□
使用trim()后: Hello China
```

在例题中,定义一个字符串 str,在定义时初始化,在字符串的开头和结尾有许多空格,使用 String 类提供的 trim()方法将字符串中的空格去除,并打印。运行结果中的"□"表示空格。

记一记：

（3）字符串的分割

在 Java 的 String 类中提供了 split()方法，作用是将字符串分割为字符数组。根据 split()方法参数个数不同，其语法格式如下：

```
String[] split(String regex);
String[] split(String regex,int limit);
```

Regex：指定的分隔符，可以是任意字符串。

Limit：指分割后生成的字符串的个数，即生成的数组的长度。若不指定，表示不限制分割后的字符串个数，直到将整个字符串分割完成。

String[]：方法返回值是字符串数组。

【例 3.12】字符串分隔符的使用。

```java
public class StringDemo {
    public static void main(String[] args){
        //分割字符串 split()
        String str="Hello,China";  //被分割字符串
        String s=",";  //分割符
        String[] str1=str.split(s);  //分割后生成字符数组
        String[] str2=str.split(s,2);//分割后生成字符数组
        System.out.println("str1 字符数组的长度:"+str1.length());
        for(int i=0;i<str1.length();i++){
            System.out.print(str1[i]+"");
        }
        System.out.println();
        System.out.println("str2 字符数组的长度: "+str2.length());
        for(int i=0;i<str2.length();i++){
            System.out.print(str2[i]+"");
        }
    }
}
```

编译运行程序，结果为：

```
str1 字符数组的长度: 10
Hello China
Str2 字符数组的长度: 10
Hello China
```

（4）字符串中字符大小写转换

在 Java 的 String 类中，提供了转换大小写的方法。toLowerCase()方法将大写字符转换成小写字符，toUpperCase()方法将小写字符转换成大写字符。其语法格式如下：

```
String toLowerCase();
String toUpperCase();
```

String：返回值是字符串类型。

【例 3.13】将字符串中的大小写字母进行互相转换。

```java
public class StringDemo {
    public static void main(String[] args){
        //使用 toLowerCase()和 toUpperCase()
        String str1="Hello";
        String str2="China";
        //将 str1 中字符转换为小写字符，并打印
        System.out.println("str1 字符串转换为小写: "+ str1.toLowerCase());
        //将 str2 中字符转换为大写字符，并打印
        System.out.println("str2 字符串转换为大写: "+str2.toUpperCase());
```

编译运行程序，结果为：

```
str1 字符串转换为小写: hello
str2 字符串转换为大写: CHINA
```

（5）字符串截取

在 Java 的 String 类中提供了 substring()方法，作用是在字符串中截取子字符串。根据 substring()方法参数个数不同，其语法格式如下：

```
String substring(int beginIndex);
String substring(int beginIndex,int endIndex);
```

String：返回一个新的字符串，它是被截取字符串的一个子字符串。
beginIndex：截取字符开始位置，包含定位点位置字符。
endIndex：截取字符结束位置，不包含定位点位置的字符。
endIndex-beginIndex：截取的子字符串的长度。

【例 3.14】字符串截取。

```java
public class StringDemo {
    public static void main(String[] args){
        //截取子字符串
        String str="Hello China";
        String str1 =str.substring(7);
        String str2=str.substring(7,11);
        System.out.println("截取子字符串 str1: "+str1);
        System.out.println("截取子字符串 str2: "+str2);
    }
}
```

编译运行程序，结果为：
截取子字符串 str1：China
截取子字符串 str2：China

上述例子中定义的字符串 str，使用字符串截取方法 substring()在字符串 str 中截取子字符串。程序中使用 str.substring(7)只指定字符串截取开始的位置，截取到字符串末尾；使用 str.substring(7,11)指定子字符串截取开始位置（第一个参数）和截取结束位置（第二个参数），这里截取到的最后一个字符是指定结束位置，再在控制台输出截取后的子字符串 str1 和 str2。

记一记：

（6）字符串连接

String 类提供了连接两个字符串的两种方法：一是使用"+"号，二是使用 String 类提供的 concat()方法。

1）使用"+"连接字符串

使用"+"可以连接两个字符串，使用多个"+"连接多个字符串。如果和字符串连接的是 int、long、float、double 和 boolean 等基本数据类型的数据，那么在连接前系统会自动将这些数据转换成字符串。

【例 3.15】使用"+"进行字符串的连接。

```
public class StringDemo {
    public static void main(String[] args){
        String str1="本学期应缴书费为：";
        float f=128.5f;
        String str2="元";
        String str=str1+f+str2;
        System.out.println(str);
    }
}
```

编译运行程序，结果为：
本学期应缴书费为：128.5元

在程序设计中使用"+"操作符来连接字符串是更为常用的方法。

2）使用 concat()方法

使用 String 类提供的 concat()方法，将一个字符串连接到另一个字符串的后面。其语法格式如下：

```
str1.concat(str2);
```

str1：第一个字符串。

str2：连接到第一个字符串后面的字符串。

【例 3.16】使用 String 类提供的 concat()方法，连接字符串。

```
public class StringDemo {
    public static void main(String[] args){
        String str1="Hello";
        String str2="China";
        String str=str1.concat(str2);
        System.out.println(str);
    }
}
```

编译运行程序，结果为：

```
HelloChina
```

两个字符串 str1 和 str2 使用 concat()方法将字符串 str2 连接到 str1 的后面，并赋值给字符串变量 str，并在控制台打印其值。

（7）字符串查找

在 Java 的 String 类中，提供了多种字符串查找的方法。

① charAt()方法。返回指定索引处的 char 值。索引范围为从 0 到 length()-1，序列的第一个 char 值位于索引 0 处，第二个位于索引 1 处，以此类推，这类似于数组索引。其语法格式如下：

```
char charAt(int index);
```

char：返回值类型。

index：指定要返回值的索引。

② indexOf()方法。搜索指定字符在此字符串中第一次出现处的位置。其语法格式如下：

```
int indexOf(int ch);
int indexOf(String str);
int indexOf(int ch,int fromIndex);
int indexOf(String str,int fromIndex);
```

ch：指定要查找的字符。

str：指定要查找的字符串。

fromIndex：开始搜索的起始位置。

③ lastIndexOf()方法。搜索指定字符在此字符串中最后一次出现处的位置。其语法格式如下：

```
int lastIndexOf(int ch);
int lastIndexOf(String str);
int lastIndexOf(int ch,int fromIndex);
int lastIndexOf(String str,int fromIndex);
```

ch：要查找的字符。

str：指定要查找的字符串。
fromIndex：反向开始搜索的起始位置。

【例 3.17】 charAt()、indexOf()和 lastIndexOf()方法的使用。

```java
public class StringDemo {
    public static void main(String[] args){
        //charAt(),indexOf()和 lastIndexOf()
        String str="Hello China";
        System.out.println("str字符串长度："+str.length());
        System.out.println("使用 charAt()方法：");
        System.out.println("返回指定索引处的值："+str.charAt(7));
        System.out.println("使用 indexOf()方法：");
        System.out.println("第一次出现指定字符的位置："+str.indexOf("l"));
        System.out.println("使用 lastIndexOf()方法：");
        System.out.println("最后一次出现指定字符串的位置："+
    str.lastIndexOf("n"));
    }
}
```

编译运行程序，结果为：

```
str字符串长度：11
使用 charAt()方法：
返回指定索引处的值：C
使用 indexOf()方法：
第一次出现指定字符的位置：2
使用 lastIndexOf()方法：
最后一次出现指定字符串的位置：9
```

通过 charAt()、indexOf()和 lastIndexOf()方法对字符串 str 进行操作。

● charAt()方法：字符串 str 调用此方法获取指定索引处的字符，即 str.charAt(7)。

● indexOf()方法：字符串 str 调用此方法搜索指定字符串 "l" 在字符串 str 中首次出现的位置，即 str.indexOf("l")，在这里没有给出 fromIndex 的值，若给出它的值，则表示要从 fromIndex 指定的位置向后查找指定的字符串。

● lastIndexOf()方法：字符串 str 调用此方法搜索指定的字符串 "n"。

（8）字符串替换

在 Java 的 String 类中，提供了许多字符串替换的方法，下面介绍其中几种方法。

① replace()方法。返回一个新的字符串，它是通过新字符 newChar 替换字符串中出现的所有旧字符 oldChar。其语法格式如下：

```java
public String replace(char oldChar,char newChar)
```

oldChar：要被替换的字符。
newChar：要替换成的字符。
String：返回替换后的字符串。

② replaceFirst()方法。使用给定的字符串 replacement 替换字符串中匹配的第一个子字符串，其语法格式如下：

```java
public String replaceFirst(String regex,String replacement)
```

regex:被替换的字符串。

replacement:替换成的字符串。

③ replaceAll()方法。使用给定的字符串 replacement 替换字符串中所有匹配的子字符串,其语法格式如下:

public String replaceAll(String regex,String replacement)

regex:被替换的字符串。

replacement:替换成的字符串。

【例 3.18】 replace()、replaceFirst()和 replaceAll()方法的使用。

```java
public class StringDemo {
    public static void main(String[] args){
    //字符串替换
    String str="java develop,jsp develop,vb develop";
    char oldchar='j';
    char newChar='J';
    str=str.replace(oldChar,newChar);
    System.out.println("replace 替换后 str: ");
    System.out.println(str);
    String regex="develop";
    String replacement="开发";
    str=str.replaceFirst(regex,replacement);
    System.out.println("replaceFirst 替换后 str: ");
    System.out.println(str);
    str= str.replaceAll(regex, replacement);
    System.out.println("replaceAll 替换后 str: ");
    System.out.println(str);
    }
}
```

编译运行程序,结果为:

replace 替换后 str:
Java develop,Jsp develop,vb develop
replaceFirst 换后 str:
Java 开发,Jsp develop,vb develop
replaceAll 换后 str:
Java 开发,Jsp 开发,vb 开发

记一记:

3.2.2.3 字符串的类型转换

在 Java 语言的 String 类中还提供了字符串的类型转换的方法,将字符串转换为数组,将基本数据类型转换为字符串以及格式化字符串等。

(1) 字符串转换为数组

在 Java 语言的 String 类中提供了 toCharArray()方法,它将字符串转换为一个新的字符数组。其语法格式如下:

```
public char[] toCharArray();
```

【例 3.19】 toCharArray()方法的使用。

```java
public class StringDemo {
    public static void main(String[] args){
        //toCharArray()
        String str="java develop,jsp develop,vb develop";
        char[] c=str.toCharArray();
        System.out.println("字符数组的长度: "+c.length);
        System.out.println("char 数组中的元素是: ");
        for(int i=0;i<str.length();i++){
            System.out.print(c[i]+" ");
        }
    }
}
```

编译运行程序,结果为:

字符数组的长度: 35
char 数组中的元素是:
j a v a d e v e l o p , j s p d e v e l o p , v b d e v e l o p

(2) 基本数据类型转换为字符串

在 Java 语言的 String 类中提供了 valueOf()方法,其作用是返回参数数据类型的字符串表示形式,其语法格式如下:

```
public static String valueOf(boolean b);
public static String valueOf(char c);
public static String valueOf(int i);
public static String valueOf(long l);
public static String valueOf(float f);
public static String valueOf(double d);
public static String valueOf(Object obj);
public static String valueOf(char[] data);
public static String valueOf(char[] data,int offset,int count);
```

参数是指定要返回字符串类型的数据类型。如 boolean、char、int、long、float、object、charArray。

【例 3.20】 valueOf()方法的使用。

```java
public class StringDemo {
    public static void main(String[] args){
        //valueOf 方法的使用
        boolean b= true;
```

```
            System.out.println("布尔类型->字符串: ");
            System.out.print(String.valueOf(b));
            int i= 128;
            System.out.println("整数类型->字符串: ");
            System.out.print(String.valueOf(i));
    }
}
```

编译运行程序,结果为:

布尔类型->字符串: true
整数类型->字符串: 128

(3) 格式化字符串

在 Java 语言中数字格式化的输出有 printf()和 format()两种方法,而 String 类中则可以使用静态 format()方法对字符串进行格式化,返回一个 String 对象,format()能用来创建可复用的格式化字符串,而不仅仅是用于一次打印输出。它有以下两种重载形式:

```
public static String format(String format,Object,…,args);
public static String format(Locale l,String format,Object,…,args)
```

Locale:指定的语言环境。

format:字符串格式。

args:字符串格式中有格式说明符引用的参数。如果还有格式说明符以外的参数,则忽略这些额外的参数。参数的数目是可变的,可以为 0 个。

String:返回类型是字符串。

static:静态方法。

第一种形式的 format()方法,使用指定的格式字符串和参数生成一个格式化的新字符串。

第二种形式的 format()方法,使用指定的语言环境、格式字符串和参数生成一个格式化的新字符串。新字符串始终使用指定的语言环境。

format()方法中的字符串格式参数有很多种转换符选项,如日期、整数、浮点数等。转换符如表 3-2 所示。

表 3-2 转换符

转换符	说明
%s	字符串类型
%c	字符类型
%b	布尔类型
%d	整数十进制
%x	整数十六进制
%o	整数八进制
%f	浮点类型
%a	十六进制浮点类型
%e	指数类型
%g	通用浮点类型
%h	散列码
%%	百分比类型
%n	换行符
%tx	日期与时间类型

【例 3.21】 字符串格式化输出 format()方法的使用。

```java
public class FormatTest {
    public static void main(String args[]){
        String str1=String.format("32 的八进制:%o",32);
        System.out.println(str1);
        String str2=String.format("字母G的小写是：%c%n",'g');
        System.out.print(str2);
        String str3=String.format("12>8 的值：%b%n",12>8);
        System.out.print(str3);
        String str4=String.format("%1$d, %2$s, %3$f",125,"ddd",0.25);
        System.out.println(str4);
    }
}
```

编译运行程序，结果为：

32 的八进制：40
字母 G 的小写是：g
12>8 的值：true
125，ddd，0.250000

字符串 str4 中指定的格式中使用了格式参数$，例如 "%1$d"，百分号后的 1 指对第几个参数格式化，$后的 d 指定转换符类型。

📝 记一记：

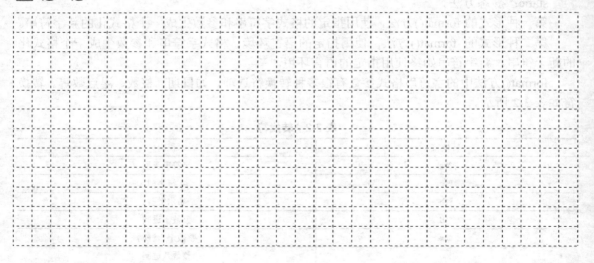

3.2.3 任务实施

使用字符串数组存储学生的基本信息（学号与姓名），其中学号前 4 位代表入学年份，第 5 位为班级号，末尾 3 位为顺序号，例如 "20201001"，代表 2020 年入学，1 班 1 号，程序可以通过学号来判断学生所在班级，程序代码如下：

```java
import java.util.*;
class StuInfo{
```

```java
public static void main(String args[]){
    String[] name=new String[5];
    String[] no=new String[5];
    Scanner sc=new Scanner(System.in);
    System.out.println("请输入 5 名学生的学号,每名学生信息以回车结束: ");
    /*向数组中输入每一个元素的值,即学生学号*/
    for(int i=0;i<5;i++){
        no[i]=sc.nextLine();
    }
    System.out.println("请输入 5 名学生的姓名,每名学生信息以回车结束: ");
    /*向数组中输入每一个元素的值,即学生姓名*/
    for(int j=0;j<5;j++){
        name[j]=sc.nextLine();
    }
    /*从学号数组中读出学生的入学年度及班级号*/
    for(int i=0;i<5;i++){
        System.out.println(name[i]+"同学, "+no[i].substring(0,4)+ "年入学, "+ no[i].substring(4,5)+"班");
    }
}
```

3.2.4 巩固提高

在学生学号中增加专业编号(例如 20200101001,2020 表示入学年度,5~6 位 01 表示专业,7~8 位 01 表示班级号,……),并在程序中进行学生相应信息的输出,在输入学生学号时要求只能由数字编号构成,如果输入错误给予提示。

3.2.5 课后习题

1. 在标准字符串类的方法中,能去除某字符串中的首、尾间距的方法是(   )。
   A. trim()   B. replace()
   C. regoinMatches()   D. replaceAll()

2. 设有 String s=new String("abc");要使得运行结果为 s=abc10,可运行下列选项中的(   )。
   A. s+=10;System.out.print("s="+s);
   B. String s2=new String("10");s=s+s2;System.out.print("s="+s);
   C. String s2=new String("10"); System.out.print("s="+s.concat(s2));
   D. 以上均可

3. 下列给出的创建 String 对象 s 的方法中,错误的是(   )。
   A. String s＝new String();
   B. byte abc[] = new {65,66,67}; String s = new String(abc,0);
   C. byte ch[] = new {'a','b','c'}; String s = new String(ch);
   D. String s = 'abcde';

4. 下列哪个方法返回 String 中的字符数（　　）。
A．size()　　　　　B．length()　　　　　C．width()　　　　　D．girth()
5. 下列哪个不是 String 类的方法（　　）。
A．subString()　　　B．startsWith()　　　C．toString()　　　　D．toUpperCase()

任务3.3　崭露头角——完成用户登录

3.3.1　任务目标

根据项目描述的功能要求，本任务需要由用户输入登录用户名与密码登录系统，用户名与密码为学生的学号。

需解决问题
1. Java 程序设计中字符串之间比较使用什么方法判定？
2. 字符串之间比较的方法有什么区别？

3.3.2　技术准备

在 Java 的 String 类中提供了许多字符串比较的方法，由于字符串在 Java 程序设计语言中作为 String 类，因此字符串的比较即是对象的比较。比较的方法有"=="运算符、equals() 方法、equalsIgnoreCase()等，这些比较的方法之间还存在区别。

3.3.2.1　字符串比较"=="

使用"=="运算符一般用于比较两个变量的值是否相等，当用于比较两个对象时，比较的是它们的内存地址及内容是否相同，相同的结果为 true，否则为 false。

【例3.22】 字符串使用"=="运算符的比较。

```
class Compare{
    public static void main(String args[]){
        String str1=new String("hello");
        String str2=new String("hello");
        String str3=str1
        if(str1==str2)
            System.out.println("str1==str2 is true");
        else
            System.out.println("str1==str2 is false");
        if(str1==str3)
            System.out.println("str1==str3 is true");
        else
            System.out.println("str1==str3 is false");
    }
}
```

编译运行程序,结果为:
str1==str2 is false
str1==str3 is true

str1 和 str2 分别指向了两个新创建的 String 类对象,尽管创建的两个 String 实例对象看上去一模一样,但它们是两个彼此独立的对象,是两个占据不同内存空间地址的不同对象。str1 和 str2 分别是这两个对象的句柄,也就是 str1 和 str2 的值分别是这两个对象的内存地址,显然它们的值是不相等的。将 str1 中的值直接赋给了 str3,str1 和 str3 的值当然是相等的。str1 和 str2 就好比是一对双胞胎兄弟的名称,尽管这对双胞胎兄弟长相一模一样,但他们不是同一个人,所以是不能等同的,str3 就好比是为 str1 取的一个别名,str3 和 str1 代表的是同一个人,所以它们是相等的。

记一记:

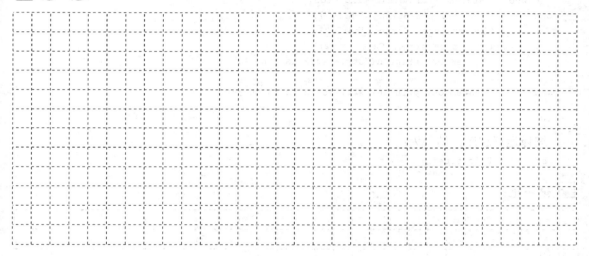

3.3.2.2 字符串比较 equals()

用 equals()方法比较两个对象时,比较的是两个对象的值是否相同,而与对象的内地址无关。如果两个对象的值相同,结果为 true,否则为 false()。

【例 3.23】字符串对象使用 equals()方法的比较。

```
class Compare{
    public static void main(String args[]){
        String str1=new String("hello");
        String str2=new String("hello");
        String str3=str1
        if(str1.equals(str2))
            System.out.println("str1==str2 is true");
        else
            System.out.println("str1==str2 is false");
        if(str1.equals(str3))
            System.out.println("str1==str3 is true");
        else
            System.out.println("str1==str3 is false");
```

}
}
编译运行程序，结果为：
str1==str2 is true
str1==str3 is true

3.3.2.3 字符串比较 equalsIgnoreCase()

equalsIgnoreCase()方法是将两个字符串对象进行比较，不考虑大小写。如果两个字符串的长度相同，并且其中相应字符都相等（忽略大小写），则认为这两个字符串是相等的。

【例3.24】字符串对象使用 equalsIgnoreCase ()方法的比较。

```java
class Compare{
    public static void main(String args[]){
        String str1=new String("HELLO");
        String str2=new String("hello");
        if(str1.equalsIgnoreCase (str2))
            System.out.println("str1==str2 is true");
        else
            System.out.println("str1==str2 is false");
    }
}
```

编译运行程序，结果为：
str1==str2 is true

记一记：

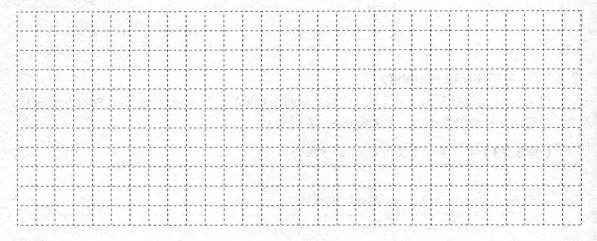

3.3.2.4 字符串解析——正则表达式

在程序设计过程中，对于字符串的操作会遇到需要进行匹配、查找、替换、判断字符串的情况。如果用纯编码方式解决，往往会浪费编程人员的时间。因此，学习并使用正则表达式，便成了解决这一问题的主要手段。正则表达式是一种可以用于模式匹配和替换的规范，可以用来搜索、编辑或处理文本。一个正则表达式就是由普通的字符（例如字符a~z）以及特殊字符（元字符）组成的文字模式，它用以描述在文字主体时待匹配的一个或多个字符串。

正则表达式作为一个模板，将某个字符模式与所搜索的字符串进行匹配。

（1）正则表达式语法

正则表达式中有一些具有特殊意义的字符，这些字符称为正则表达式的元字符，正则表达式就是包含元字符的字符串。在其他语言中"\\"表示"要在正则表达式中插入一个普通的（字面上的）反斜杠"，在 Java 中"\\"表示"要插入一个正则表达式的反斜线"，所以其后的字符具有特殊的意义。

所以，在其他的语言中，一个反斜杠"\"就足以具有转义的作用，而在 Java 的正则表达式中则需要有两个反斜杠才能被解析为其他语言中的转义作用。也可以简单地理解为在 Java 的正则表达式中，两个反斜杠"\\"代表其他语言中的一个反斜杠"\"，这也就是为什么表示一位数字的正则表达式是"\\d"，而表示一个普通的反斜杠是"\\\\"。表 3-3 所示为正则表达式元字符。

表 3-3 正则表达式元字符

元字符	说明
\	将下一字符标记为特殊字符、文本、反向引用或八进制转义符。例如，"n"匹配字符"n"。"\n"匹配换行符。序列"\\\\"匹配"\"，"\\("匹配"("
^	匹配输入字符串开始的位置。如果设置了 RegExp 对象的 Multiline 属性，^ 还会与"\n"或"\r"之后的位置匹配
$	匹配输入字符串结尾的位置。如果设置了 RegExp 对象的 Multiline 属性，$ 还会与"\n"或"\r"之前的位置匹配
*	零次或多次匹配前面的字符或子表达式。例如，zo* 匹配"z"和"zoo"。* 等效于 {0,}
+	一次或多次匹配前面的字符或子表达式。例如，"zo+"与"zo"和"zoo"匹配，但与"z"不匹配。+ 等效于 {1,}
?	零次或一次匹配前面的字符或子表达式。例如，"do(es)?"匹配"do"或"does"中的"do"。? 等效于 {0,1}
{n}	n 是非负整数。正好匹配 n 次。例如，"o{2}"与"Bob"中的"o"不匹配，但与"food"中的两个"o"匹配
{n,}	n 是非负整数。至少匹配 n 次。例如，"o{2,}"不匹配"Bob"中的"o"，而匹配"foooood"中的所有 o。"o{1,}"等效于"o+"。"o{0,}"等效于"o*"
{n,m}	m 和 n 是非负整数，其中 n≤m。匹配至少 n 次，至多 m 次。例如，"o{1,3}"匹配"foooood"中的头三个 o。'o{0,1}' 等效于 'o?'。注意：不能将空格插入逗号和数字之间
?	当此字符紧随任何其他限定符（*、+、?、{n}、{n,}、{n,m}）之后时，匹配模式是"非贪心的"。"非贪心的"模式匹配搜索到的、尽可能短的字符串，而默认的"贪心的"模式匹配搜索到的、尽可能长的字符串。例如，在字符串"oooo"中，"o+?"只匹配单个"o"，而"o+"匹配所有"o"
.	匹配除"\r\n"之外的任何单个字符。若要匹配包括"\r\n"在内的任意字符，请使用诸如"[\s\S]"之类的模式
(pattern)	匹配 pattern 并捕获该匹配的子表达式。可以使用$0,…,$9 属性从结果"匹配"集合中检索捕获的匹配。若要匹配括号字符 ( )，请使用"\("或者"\)"
(?:pattern)	匹配 pattern 但不捕获该匹配的子表达式，即它是一个非捕获匹配，不存储供以后使用的匹配。这对于用"or"字符 (|) 组合模式部件的情况很有用。例如，'industr(?:y|ies)' 是比 'industry|industries' 更经济的表达式
(?=pattern)	执行正向预测先行搜索的子表达式，该表达式匹配处于匹配 pattern 的字符串的起始点的字符串。它是一个非捕获匹配，即不能捕获供以后使用的匹配。例如，'Windows (?=95|98|NT|2000)' 匹配"Windows 2000"中的"Windows"，但不匹配"Windows 3.1"中的"Windows"。预测先行不占用字符，即发生匹配后，下一匹配的搜索紧随上一匹配之后，而不是在组成预测先行的字符后
(?!pattern)	执行反向预测先行搜索的子表达式，该表达式匹配不处于匹配 pattern 的字符串的起始点的搜索字符串。它是一个非捕获匹配，即不能捕获供以后使用的匹配。例如，'Windows (?!95|98|NT|2000)' 匹配"Windows 3.1"中的 "Windows"，但不匹配"Windows 2000"中的"Windows"。预测先行不占用字符，即发生匹配后，下一匹配的搜索紧随上一匹配之后，而不是在组成预测先行的字符后
x|y	匹配 x 或 y。例如，'z|food' 匹配"z"或"food"。'(z|f)ood' 匹配"zood"或"food"
[xyz]	字符集。匹配包含的任一字符。例如，"[abc]"匹配"plain"中的"a"
[^xyz]	反向字符集。匹配未包含的任何字符。例如，"[^abc]"匹配"plain"中"p"、"l"、"i"、"n"

续表

元字符	说明
[a-z]	字符范围。匹配指定范围内的任何字符。例如，"[a-z]"匹配"a"到"z"范围内的任何小写字母
[^a-z]	反向范围字符。匹配不在指定的范围内的任何字符。例如，"[^a-z]"匹配任何不在"a"到"z"范围内的任何字符
\b	匹配一个字边界，即字与空格间的位置。例如，"er\b"匹配"never"中的"er"，但不匹配"verb"中的"er"
\B	非字边界匹配。"er\B"匹配"verb"中的"er"，但不匹配"never"中的"er"
\cx	匹配 x 指示的控制字符。例如，\cM 匹配 Control-M 或回车符。x 的值必须在 A~Z 或 a~z 之间。如果不是这样，则假定 c 就是"c"字符本身
\d	数字字符匹配。等效于 [0-9]
\D	非数字字符匹配。等效于 [^0-9]
\f	换页符匹配。等效于 \x0c 和 \cL
\n	换行符匹配。等效于 \x0a 和 \cJ
\r	匹配一个回车符。等效于 \x0d 和 \cM
\s	匹配任何空白字符，包括空格、制表符、换页符等。与 [\f\n\r\t\v] 等效
\S	匹配任何非空白字符。与 [^ \f\n\r\t\v] 等效
\t	制表符匹配。与 \x09 和 \cI 等效
\v	垂直制表符匹配。与 \x0b 和 \cK 等效
\w	匹配任何字类字符，包括下画线。与"[A-Za-z0-9_]"等效
\W	与任何非单词字符匹配。与"[^A-Za-z0-9_]"等效
\xn	匹配 n，此处的 n 是一个十六进制转义码。十六进制转义码必须正好是两位数长。例如，"\x41"匹配"A"。"\x041"与"\x04"&"1"等效。允许在正则表达式中使用 ASCII 代码
\num	匹配 num，此处的 num 是一个正整数。到捕获匹配的反向引用。例如，"(.)\1"匹配两个连续的相同字符
\n	标识一个八进制转义码或反向引用。如果 \n 前面至少有 n 个捕获子表达式，那么 n 是反向引用。否则，如果 n 是八进制数 (0~7)，那么 n 是八进制转义码
\nm	标识一个八进制转义码或反向引用。如果 \nm 前面至少有 nm 个捕获子表达式，那么 nm 是反向引用。如果 \nm 前面至少有 n 个捕获，则 n 是反向引用，后面跟有字符 m。如果两种前面的情况都不存在，则 \nm 匹配八进制值 nm，其中 n 和 m 是八进制数字 (0~7)
\nml	当 n 是八进制数 (0~3)，m 和 l 是八进制数 (0~7) 时，匹配八进制转义码 nml
\un	匹配 n，其中 n 是以四位十六进制数表示的 Unicode 字符。例如，\u00A9 匹配版权符号 (©)

（2）常用正则表达式

在编程中经常会使用到的正则表达式如表 3-4 所示。

表 3-4 常用正则表达式

规则	正则表达式语法
一个或多个汉字	^[\u0391-\uFFE5]+$
邮政编码	^[1-9]\d{5}$
QQ 号码	^[1-9]\d{4,10}$
邮箱	^[a-zA-Z]{1,}[0-9]{0,}@(([a-zA-z0-9]-*){1,}\.){1,3}[a-zA-z\-]{1,}$
用户名（字母开头+数字/字母/下画线）	^[A-Za-z][A-Za-z1-9_-]+$
手机号码	^1[3|4|5|8][0-9]\d{8}$
URL	^((http|https)://)?([\w-]+\.)+[\w-]+(/([w-./?%&=]*)?$
18 位身份证号	^(\d{6})(18|19|20)?(d{2})([01]\d)([0123]\d)(\d{3})(\d|X|x)?$

（3）正则表达式的实例

一个字符串其实就是一个简单的正则表达式，例如 Hello World 正则表达式匹配 "Hello World" 字符串。.（点号）也是一个正则表达式，它匹配任何一个字符如 "a" 或 "1"。常见的正则表达式实例如表 3-5 所示。

表 3-5 常见的正则表达式实例

正则表达式	说明
this is text	匹配字符串 "this is text"
this\s+is\s+text	注意字符串中的 \s+。 匹配单词 "this" 后面的 \s+ 可以匹配多个空格，之后匹配 is 字符串，再之后 \s+ 匹配多个空格然后再跟上 text 字符串。 可以匹配这个实例：this is text
^\d+(\.\d+)?	^ 定义了以什么开始 \d+ 匹配一个或多个数字 ? 设置括号内的选项是可选的 \. 匹配 "." 可以匹配的实例："5"，"1.5" 和 "2.21"

 记一记：

3.3.2.5 StringBuffer 与 StringBuilder

在 Java 程序设计语言中，进行字符串操作的类除了 String 之外，还有 StringBuffer 与 StringBuilder 类，StringBuffer 和 StringBuilder 类能够对字符串进行修改，与 String 类不同的是，StringBuffer 和 StringBuilder 类的对象能够被多次修改，并且不产生新的未使用对象。

StringBuilder 类在 Java 5 中被提出，StringBuffer 类是可变字符串类，它有一个字符串缓冲区，可以通过某些方法来改变字符串的长度和内容。每个字符串缓冲区都有一定的容量。只要字符串缓冲区所包含字符串的长度没有超出这个容量，就无须分配新的内部缓冲区。如果缓冲区溢出，则此容量自动增大，它和 StringBuffer 之间的最大不同在于 StringBuilder 的方法不是线程安全的（不能同步访问），StringBuffer 类是线程安全的类。由于 StringBuilder 相较于 StringBuffer 有速度优势，因此多数情况下建议使用 StringBuilder 类。然而在应用程序要求线程安全的情况下，则必须使用 StringBuffer 类。StringBuilder 类被设计用作 StringBuffer 类的一个简易替换，用在字符串缓冲区被单个线程使用。

通常会优先使用 StringBuilder 类，它虽然不支持同步，但其在单线程中的性能比 StringBuffer 高。当在字符串缓冲区被多个线程使用时，JVM 不能保证 StringBuilder 的操作是安全的，虽然它的速度最快，但是 JVM 可以保证 StringBuffer 的操作是正确的。大多数情况下，是在单线程下进行的操作，所以建议用 StringBuilder 而不用 StringBuffer，就是速度的原因。

（1）StringBuilder 类的创建

在 Java 程序设计中，字符串 StringBuilder 类中提供了 3 个常用的构造方法 StringBuilder()、StringBuilder(int)、StringBuilder(String)，用于创建可变字符串。

① StringBuilder()。StringBuilder()构造方法创建一个空的字符串缓冲区，初始容量为 16 个字符。其语法格式为：

```
public StringBuilder()
```

② StringBuilder(int)。StringBuilder(int n)构造方法创建一个空的字符串缓冲区，并指定初始容量大小是 n 的字符串缓冲区。其语法格式为：

```
public StringBuilder(int n)
```

③ StringBuilder(String)。StringBuilder(String str)构造方法创建一个字符串缓冲区，并将其内容初始化为指定的字符串 str。该字符串的初始容量为 16 加上字符串 str 的长度。其语法格式为：

```
public StringBuilder(String str)
```

【例 3.25】使用构造方法创建 StringBuilder 对象。

```
public class StringBuilderTest {
    public static void main(String[] args){
        //定义空的字符串缓冲区
        StringBuilder s1=new StringBuilder();//定义指定长度的空字符串缓冲区
        StringBuilder s2=new StringBuilder(12);//创建指定字符串的缓冲区
        StringBuilder s3=new StringBuilder("java buffer");
        System.out.println("输出缓冲区的容量:");
        System.out.println("s1 缓冲区容量: "+s1.capacity());
        System.out.println("s2 缓冲区容量: "+s2.capacity());
        System.out.println("s3 缓冲区容量: "+s3.capacity());
    }
}
```

编译运行程序，结果为：

输出缓冲区的容量:
s1 缓冲区容量: 16
s2 缓冲区容量: 12
s3 缓冲区容量: 27

（2）StringBuilder 类的方法

StringBuilder 类与 String 类相似，也提供了许多方法。它们主要是 append()、insert()、delete() 和 reverse()方法。

① 追加字符串。在 StringBuilder 类中，提供了许多重载的 append()方法，可以接受任意

类型的数据，每个方法都能有效地将给定的数据转换成字符串，然后将该字符串的字符添加到字符串缓冲区中。其语法格式如下：

```
public StringBuilder append(String str)
```

str：要追加的字符串。

StringBuilder：返回值类型。

② 插入字符串。在 StringBuilder 类中，提供了许多重载的 insert()方法，可以接受任意类型的数据，将要插入的字符串插入到指定的字符串缓冲区的位置。其语法格式如下：

```
public StringBuilder insert(int offset,String str)
```

offset：要插入字符串的位置。

str：要插入的字符串。

StringBuilder：返回值类型。

③ 删除字符串。在 StringBuilder 类中，提供了两个用于删除字符串中字符的方法。第一个是 deleteCharAt()方法，用于删除字符串中指定位置的字符。第二个是 delete()方法，用于删除字符串中指定开始和结束位置的子字符串。其语法格式如下：

```
public StringBuilder deleteCharAt(int index)
public StringBuilder delete(int start,int end)
```

index：要删除的字符的索引。

start：要删除的子字符串开始的索引，包含它。

end：要删除的字符串结束的索引，不包含它。

④ 反转字符串。在 StringBuilder 类中，提供的 reverse()方法用于将字符串的内容倒序输出。其语法格式如下：

```
public StringBuilder reverse()
```

⑤ 替换字符串。在 StringBuilder 类中，提供了两个字符替换方法。一个是 replace()方法，用于将字符串中指定位置的子字符串替换为新的字符串。另一个是 setCharAt()方法，用于将字符串中指定位置的字符替换为新的字符。其语法格式如下：

```
public StringBuilder replace(int start,int end,String str)
public void setCharAt(int index,char ch)
```

start：被替换子字符串开始索引，包含它。

end：被替换子字符串结束索引，不包含它。

str：要替换成的新字符串。

index：要被替换的字符的索引。

ch：要替换成的新字符。

【例 3.26】StringBuilder 类方法的应用。

```java
public class TestMethod{
    public static void main(String[]args){
        StringBuilder str=new StringBuilder("Hello");
        StringBuilder str1=new StringBuilder("1234");
        str.append(" world");
        str.append("!");
        str.append("Hello China!");
        System.out.println("The append Method is: "+sb);
        str.insert(12,2020);
```

```
        str.insert(28,2020);
        System.out.println("The insert Method is: "+sb);
        str.delete(28,32);
        System.out.println("The delete Method is: "+sb);
        System.out.println("字符串 str1 反转前: "+str1);
        str1.reverse();
        System.out.println("字符串 str1 反转后: "+str1);
        str1.replace(0,4,"8888");
        System.out.println("The replace Method is: "+str1);
    }
}
```

编译运行程序，结果为：

```
The append Method is: Hello World!Hello China!
The insert Method is: Hello World!2020Hello China!2020
The delete Method is: Hello World!2020Hello China!
字符串 str1 反转前: 1234
字符串 str1 反转后: 4321
The replace Method is: 8888
```

（3）String、StringBuffer 与 StringBuilder 的区别

在 Java 语言中，创建和处理字符串的类共有 3 个，分别是 String 类、StringBuffer 类和 StringBuilder 类。它们之间的区别主要在于以下两点。

① 速度。String 类、StringBuffer 类和 StringBuilder 类在执行速度方面，StringBuilder 类最快，StringBuffer 类其次，String 类最慢。String 类执行速度最慢是因为它是字符串常量，任何对 String 类的改变都会引发新的 String 对象生成。而 StringBuffer 类和 StringBuilder 类是字符串变量，任何对它们所指代的字符串的改变都不会产生新的对象。

② 安全。StringBuffer 类中的方法大都采用 synchronized 关键字修饰，因此是线程安全的。StringBuilder 类的方法没有这个修饰，被认为是线程不安全的。当在字符串缓冲区被多个线程使用时，JVM 不能保证 StringBuilder 类的操作是安全的，虽然它的速度最快，但是 JVM 可以保证 StringBuffer 类是正确操作的。当然大多数情况下是在单线程下进行的操作，所以建议用 StringBuilder 而不用 StringBuffer，就是考虑速度的原因。

如果要操作少量的字符串数据用 String 类，单线程操作字符串缓冲区下大量字符串数据使用 StringBuilder 类，多线程操作字符串缓冲区下大量字符串数据使用 StringBuffer 类。

📝 记一记：

3.3.3 任务实施

以学生身份登录系统，当输入用户名、密码都与库中存储的学生学号一致时，认定信息匹配，登录成功，否则登录失败。

```
import java.util.*;
class StuInfo{
    public static void main(String args[]){
String[] name=new String[5];
String[] no=new String[5];
Scanner sc=new Scanner(System.in);
System.out.println("请输入5名学生的学号,每名学生信息以回车结束: ");
/*向数组中输入每一个元素的值,即学生学号*/
for(int i=0;i<5;i++){
   no[i]=sc.nextLine();
}
System.out.println("请输入用户名与密码,分别以回车确认结束: ");
String user=sc.nextLine();
String pw=sc.nextLine();
for(int j=0;j<5;j++){
   if(no[j].equals(user)&&no[j].equals(pw)){
     System.out.println("登录成功! ");
      break;
   }
   else
     System.out.println("登录成功! ");
}
    }
}
```

3.3.4 巩固提高

当学生登录系统后提示修改密码，使用新的数组存储学生的密码，要求学生再次登录系统时使用新密码登录系统。

3.3.5 课后习题

1. 下列值不为 true 的表达式有（　　　）。

   A．"john" = = "john"

   B．"john".equals("john")

   C．"john" = "john"

   D．"john".equals(new String("john"))

2. 下面这段代码会产生（　　）个 String 对象。
```
String s1="hello";
String s2=s1.substring(2,3);
String s3=s1.toString();
String s4=new StringBuffer(s1).toString();
```
　A．1　　　　　　　B．2　　　　　　　C．3　　　　　　　D．4

任务3.4　大显身手——制作学生成绩管理系统

3.4.1　任务目标

使用 Java 中的方法（函数）对学生成绩管理系统进行完善，包含用户登录、基本信息录入、成绩管理三个功能模块。

> **需解决问题**
> 1. Java 程序设计中方法（函数）的作用是什么？
> 2. 在程序设计中如何定义方法？
> 3. 在程序设计中如何调用方法？
> 4. 方法的重载如何应用？

3.4.2　技术准备

前面的章节中经常使用 System.out.println()，那么它究竟是什么呢？我们称 System 是系统类，println()是一个方法或函数，out 是标准输出对象。这句话的用法是调用系统类 System 中的标准输出对象 out 中的方法 println()。

Java 中的方法是语句的集合，它们在一起执行一个功能，是解决一类问题的步骤的有序组合，包含于类或对象中，在程序中被创建，在其他地方被引用。方法具有以下 4 个优点。

- 使程序变得更简短而清晰。
- 有利于程序维护。
- 可以提高程序开发的效率。
- 提高了代码的重用性。

3.4.2.1　方法定义

在定义方法之前必须明确方法要完成的功能是什么，功能决定了方法如何实现，成为方法体。求两个数的最大值，假设这两个数分别为 a 和 b，要求两个数的最大值可以编写如下代码：

```
int max;
if(a>b)
    max=a;
else
    max-b;
```

在实现这个功能的时候，不知道两个数分别是什么，所以假设两个数是 a 和 b，在程序执行到这个地方的时候，a 和 b 的值就确定了，所以编写方法的时候用 a 和 b 表示，在这里 a 和 b 是参数，其他地方要调用这个方法的时候需要先对这两个参数赋值，它们的值是由调用者决定的，所以称为形参（即形式参数）。在方法执行结束的时候，需要把执行的结果返回给方法的调用者，使用 return 语句，即"return max;"。

方法的返回值类型需要在定义方法的时候声明。

编写好的方法是给其他地方使用的，而其他地方根据名字调用方法，所以需要给方法指定一个名字。

方法的名字、参数和返回值通常称为方法头。上面方法的方法头可以写成：
public static int max(int a,int b)

其中，public static 是方法修饰符，max 是方法的名字，max 前面的 int 是方法返回值的类型，括号中的 int a、int b 称为形参。

当对方法进行命名时一般遵循以下规则：

① 方法的名字的第一个单词应以小写字母作为开头，后面的单词则用大写字母开头，不使用连接符。例如：addPerson。

② 下划线可能出现在 JUnit 测试方法名称中用以分隔名称的逻辑组件。一个典型的模式是：test<MethodUnderTest>_<state>，如 testPop_emptyStack。

上面求最大值的完整代码如下：
```
public static int max(int a,int b){
   int max;
   if(a>b)
      max=a;
   else
      max=b;
}
```

所以一般情况下，定义一个方法的语法形式如下：
```
修饰符 返回值类型 方法名(参数类型 参数名){
   方法体
   return 返回值;
}
```

如果方法不需要返回值，则返回值类型需要写成 void，就像前面介绍的 main 方法：public static void main(String[] args)，如果方法有返回值，在方法体中需要使用 return 语句返回执行结果，返回值类型应该与返回的执行结果类型相同。方法如果没有参数，参数列表可以为空，如果有多个参数，多个参数之间用逗号隔开。方法体需要使用一对大括号括起来，不管方法体是由多少行代码组成的，大括号都不能省略。

【例 3.27】编写一个方法，计算两个整数的和。

```
public static int add(int a,int b){
   int sum;
   sum=a+b;
   return sum;
}
```

该方法的功能是求两个整数的和，所以参数为两个整型变量 int a、int b。其和也是整数，所以返回值类型也为 int，并且在方法的最后一条语句要有 return 语句，如果在 main 方法中直接调用该方法，方法头的修饰符要加 static。

📝 记一记：

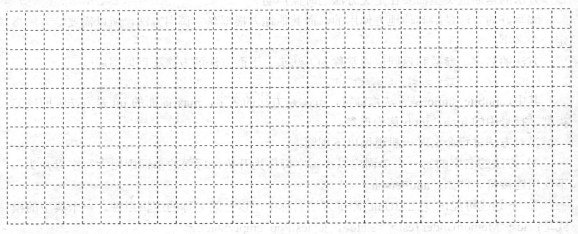

3.4.2.2 方法调用

Java 支持两种调用方法，根据方法是否返回值来选择。在调用方法的时候首先要知道方法是如何定义的。根据方法的名字调用，并且需要传递方法需要的参数，如果方法有返回值，则需要定义一个与返回值类型相同的变量来接收返回值。

如果要调用上面的求最大值的方法，可以使用下面的代码：

```
int x=10;
int y=12;
int result=max(x,y);
```

方法的调用使用 max(x,y)，使用的参数名字为 x 和 y，与方法定义的时候不同，也可以相同。因为这个地方使用的是实参，也就是说在执行到这个地方的时候，x 和 y 的值是 10 和 12，也可以直接写成 max(10,12)。而方法定义的时候，使用的是形参，仅仅表示有两个参数，但值是由调用者决定的。

【例 3.28】编写一个 main 方法，调用例 3.27 中的 add 方法。

```
public static void main(String[] args){
    int x=10;
    int y=12;
    int result=add(x,y);
    System.out.println("两个数的和为："+result);
}
```

当调用的方法没有返回值，即是用 void 关键字来定义的时候，方法调用一定是一条语句，如例 3.28。

【例 3.29】无返回值类型方法的调用。

```
public static void add(int a,int b){
    int sum;
    sum=a+b;
    System.out.println("两个数的和为："+sum);
}
```

```
public static void main(String[] args){
    int x=10;
        int y=12;
    add(x,y);
}
```

📝 记一记：

3.4.2.3 方法重载

在 Java 中同一个类中出现 2 个或 2 个以上的方法名相同、参数列表（包括参数的数量、类型和次序）不同的方法，这种方法的应用称为方法重载。方法重载一般用来创建对不同类型的数据进行类似操作的同名方法。当调用一个重载的方法时，Java 编译器通过检查调用语句中参数的数量、类型和次序就可以选择合适的方法。如果重载方法只是有不同的返回类型，则不能说方法发生了重载。因为当 Java 遇到一个对重载方法的调用时，只是简单地执行其参数与调用参数相匹配的方法版本。

【例 3.30】编写例 3.29 中 add 方法的重载方法，不但能求两个整数的和，还能求两个浮点数的和及三个整数的和。在 main 方法中调用 add 方法分别求 12 和 10 的和，12.5 和 23.6 的和，以及 23、45 和 67 三个整数的和。

```
class TestMethod{
    public static void main(String[] args){
        int x=10;
        int y=12;
        int result1=add(x,y);
        System.out.println("两个整数的和为："+result1);
        double result2=add(12.5,23.6);
        System.out.println("两个浮点数的和为："+result2);
        int result3=add(23,45,67);
        System.out.println("三个整数的和为："+result3);
    }
    public static int add(int a,int b){
        int sum;
```

```
            sum=a+b;
            return sum;
        }
        public static double add(double a,double b){
            double sum;
                sum=a+b;
            return sum;
        }
        public static int add(int a,int b,int c){
            int sum;
            sum=a+b+c;
            return sum;
        }
    }
```

编译运行程序，结果为：

两个整数的和为：22

两个浮点数的和为：36.1

三个整数的和为：135

程序中定义了三个同名的方法 add，但是每个方法的参数都不同，返回值类型有的相同有的不同。在调用该方法时，根据所传参数，编译器会自行决定究竟调用哪一个 add 方法。这样重载的方法都是执行相关的任务，但可以满足用户对不同数据的加工，方法重载可以让程序更清晰易读。执行密切相关任务的方法应该使用相同的名字。

📝 记一记：

3.4.3 任务实施

使用 Java 中方法的思路设计学生成绩管理系统，按照任务目标要求完成设计。从任务目标中我们将学生管理系统的设计在思路框架上总体分为两个模块，一是主方法（用于实现系统的界面、用户角色判定及对功能方法的调用），二是程序功能方法（包含录入学生基本信息、录入课程成绩及成绩管理、查询学生信息及课程成绩等）。按照这个思路，程序的主体框架结构如下：

```
import java.util.*;
public class StuManger{
    /*主方法*/
    public static void main(String[] args){
        ……
    }
    /*功能方法*/
    public static void XXX{……}
    public static int XXX{……}
}
```

主方法部分主要用于设计程序的功能界面。教师与学生以不同身份进入系统时通过用户信息的验证进入到不同的角色界面,再继续执行进一步操作,案例程序界面如图 3-1 所示。代码如下:

图 3-1 案例程序界面

```
public static void main(String[] args){
/*登录界面设计与方法调用*/
Scanner sc=new Scanner(System.in);
int i=1,j=1;
String userName=new String();
String passWord=new String();
String[] stuNo=new String[5];
String[] stuName=new String[5];
String cor1Name=new String();
String cor2Name=new String();
int flag=0;
int course1[]=new int[5];
int course2[]=new int[5];
while(i!=0){
    System.out.println("********************");
    System.out.println("**学生信息管理系统**");
    System.out.println("********************");
    System.out.println("1.教   师;");
    System.out.println("2.学   生;");
    System.out.println("0.退   出;\n");
    System.out.println("请选择您的角色,输入角色编号后按 Enter 确认!\n 首次登录先要以教师角色录入信息后学生角色方可进入操作!\n 操作编码: ");
    i=sc.nextInt();
    System.out.println();
    /*用户角色判定*/
    if(i==1){
        System.out.println("请输入用户名与密码: ");
```

```java
            userName=sc.next();
            passWord=sc.next();
            if(userName.equals("admin")&&passWord.equals("admin")){
                System.out.println("*********************角色：教师");
                System.out.println("**学生信息管理系统**");
                System.out.println("*********************");
                System.out.println("1.录入学生基本信息；");
                System.out.println("2.录入学生课程成绩；");
                System.out.println("3.查看学生基本信息；");
                System.out.println("4.查看学生课程成绩；");
                System.out.println("5.退    出；\n");
                System.out.println("请选择您要执行的操作，输入操作编号后按Enter确认！\n操作编码：");
                j=sc.nextInt();
                if(j==1){
                    stuNo=stuNoInput();
                    stuName=stuNameInput();
                    System.out.println("");
                }
                else if(j==2){
                    System.out.println("请输入第1门课程的名称：");
                    cor1Name=sc.next();
                    course1=courseGrd();
                    System.out.println("请输入第2门课程的名称：");
                    cor2Name=sc.next();
                    course2=courseGrd();
                    System.out.println("");
                }
                else if(j==3){
                    stuInfoOutput(stuNo,stuName);
                    System.out.println("");
                }
                else if(j==4){
coureGrdOutput(stuNo,stuName,cor1Name,cor2Name,course1,course2);
                    System.out.println("");
                }
                else if(j==5)
                    break;
                else
                    System.out.println("输入操作编码不正确！");
            }
            else
                System.out.println("您输入的用户名或密码错误！");
        }
        else if(i==2){
            System.out.println("请输入用户名与密码：");
            int k;
            userName=sc.next();
            passWord=sc.next();
            for(k=0;k<5;k++){
            if(userName.equals(stuNo[k])&&passWord.equals(stuNo[k])){
```

```
                    flag=k;
                    break;
                }
        }
        if(flag!=0){
            System.out.println("********************            角色：学生");
            System.out.println("**学生信息管理系统**");
            System.out.println("********************");
            System.out.println("1.查看个人基本信息；");
            System.out.println("2.查看个人课程成绩；");
            System.out.println("3.退    出；\n");
            System.out.println("请选择您要执行的操作，输入操作编号后按Enter确认！\n操作编码：");
            j=sc.nextInt();
            if(j==1){
                System.out.println("学号："+stuNo[flag]+",姓名："+stuName[flag]);
                System.out.println("");
            }
            else if(j==2){
                System.out.println(cor1Name+"成绩为："+course1[flag]+","+cor2Name+"成绩为："+course2[flag]+", 总分："+(course1[flag]+course2[flag])+", 平均分："+(course1[flag]+course2[flag])/2.0);
                System.out.println("");
            }
            else if(j==3)
                    break;
                else
                    System.out.println("输入操作编码不正确！");
        }
    }
}
```

程序的功能方法主要包含学生基本信息：学号的录入 stuNoInput()、姓名的录入 stuNameInput()、显示学生基本信息 stuInfoOutput(…)、课程成绩的录入 courseGrd()、课程成绩的查询与统计 coureGrdOutput(…)。程序代码如下：

```
public static String[] stuNoInput(){
/*学生基本信息学号录入*/
String[] stuNo=new String[5];
Scanner in=new Scanner(System.in);
System.out.println("请输入 5 名学生的学号，每名学生信息以回车结束：");
for(int i=0;i<5;i++){
    stuNo[i]=in.nextLine();
}
return stuNo;
}
public static String[] stuNameInput(){
/*学生基本信息姓名录入*/
String[] stuName=new String[5];
Scanner in=new Scanner(System.in);
System.out.println("请输入 5 名学生的姓名，每名学生信息以回车结束：");
```

```java
        for(int j=0;j<5;j++){
            stuName[j]=in.nextLine();
        }
        return stuName;
    }
    public static void stuInfoOutput(String[] stuNo,String[] stuName){
        /*学生基本信息查询*/
        System.out.println("系统学生基本信息如下：");
        for(int i=0;i<5;i++){
            System.out.println(stuNo[i].substring(0,4)+"级 "+stuNo[i].substring(5,6)+"班 "+stuNo[i].substring(6)+"号   "+stuName[i]);
        }
    }
    public static int[] courseGrd(){
        /*录入课程成绩*/
        int grade[]=new int[5];
        Scanner in=new Scanner(System.in);
        System.out.println("请输入 5 名学生的课程成绩：");
        for(int i=0;i<5;i++){
            grade[i]=in.nextInt();
        }
        return grade;
    }
    public static void coureGrdOutput(String[] stuNo,String[] stuName,String cN1,String cN2,int[] cor1,int[] cor2){
        /*输出学生成绩*/
        int sum1=0,sum2=0;
        float avg1,avg2;
        System.out.println("************学生成绩单************");
        System.out.println(" 学号       姓名    "+cN1+"    "+cN2+"    总分"+"    平均分");
        for(int i=0;i<5;i++){
            sum1+=cor1[i];
            sum2+=cor2[i];
            System.out.println(stuNo[i]+"   "+stuName[i]+"   "+cor1[i]+"      "+cor2[i]+"   "+(cor1[i]+cor2[i])+"    "+(cor1[i]+cor2[i])/2.0);
        }
        avg1=sum1/5;
        avg2=sum2/5;
        System.out.println("              总分   ："+sum1+"         "+sum2);
        System.out.println("              平均分 ："+avg1+"         "+avg2);
    }
```

编译运行程序，通过本项目的引导案例表 3-1 中的测试用例测试了解程序功能，教师角色用户名、密码均为 admin，学生角色用户名、密码均为学生的学号，如"20201001"。

3.4.4 巩固提高

使用方法结构判断一个数是否为水仙花数。水仙花数是指个位、十位和百位三个数的立方和等于该数本身，在 main 方法中调用该方法打印输出所有的水仙花数。

3.4.5 课后习题

1. 下列方法定义中，正确的是（　　）。
   A．int x(int a,b){return (a−b);}
   B．double x(int a,int b){int w;w=a−b;}
   C．double x(a,b){return b;}
   D．int x(int a,int b){return a−b;}
2. 下列方法定义中，正确的是（　　）。
   A．void x(int a,int b);{return(a−b);}
   B．x(int a,int b){return a−b}
   C．double x{return b;}
   D．int x(int a,int b){return a+b;}
3. 在某个类中存在一个方法：void p(int x)，以下不能作为这个方法的重载的声明的是（　　）。
   A．public float p(float x)
   B．int p(int y)
   C．double p(int x,int y)
   D．void p(double y)
4. 为了区分类中重载的同名的不同方法，要求（　　）。
   A．采用不同的形式参数列表
   B．返回值类型不同
   C．调用时用类名或对象名做前缀
   D．参数名不同
5. 下列方法定义中，方法头不正确的是（　　）。
   A．public int x(){ }
   B．public static int x(double y){ }
   C．void x(double d){ }
   D．public static x(double a){ }

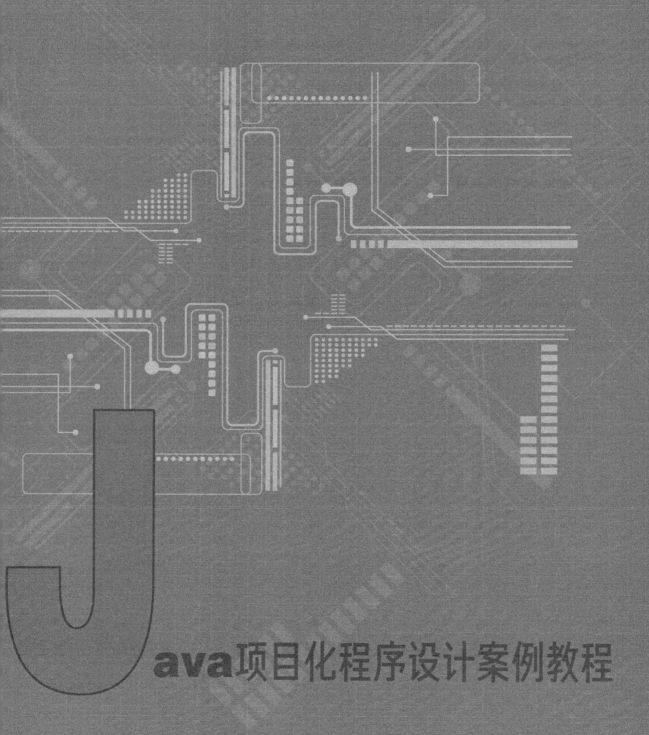

面向对象篇

项目 4
有用户界面的四则运算小游戏

【项目背景】计算是数学知识中的重要内容之一。计算能力是一项基本的数学能力,是学习数学和其他学科的重要基础,小学阶段是培养学生算术运算的重要阶段。为了增加运算的趣味性,提高四则运算的出题效率,通过程序设计实现一个能自动生成四则运算的图形化界面功能程序。

本项目要完成一个完整的带界面的 Java 项目,主要功能是实现一个可以进行四则运算练习的小软件,项目一共包括四个主要界面,分别为登录界面、主界面、设置界面、游戏界面。四个界面分别由 4 个类文件构成,即 Login.java、Game.java、SetGame.java、StartGame.java。

项目从用户登录界面(Login.java)开始,用户输入正确的用户名和密码后,进入主界面(Game.java),主界面主要由两个菜单构成,选择文件菜单下的【开始游戏】和【参数设置】两个菜单项,可以打开游戏界面和参数设置界面。游戏界面和参数设置界面都以主界面为基础,在主界面的窗体上创建了一个 JPanel,在这个 JPanel 上放置相应的控件,并完成指定的功能。系统菜单下有【帮助】和【退出】两个菜单项,帮助菜单项通过弹出式的提示框显示软件的基本信息,退出菜单项可以退出软件。如图 4-1 所示。

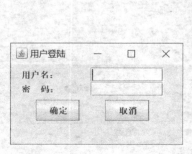
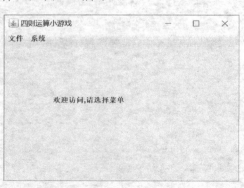

(a) 用户登录和软件主界面

项目 4　有用户界面的四则运算小游戏

(b) 开始游戏界面与参数设置界面

图 4-1　四则运算软件界面

任务4.1　牛刀小试——制作用户登录界面

4.1.1　任务目标

设计实现进入四则运算小游戏程序的用户登录界面。当用户信息输入正确时能够进入四则运算的游戏界面，如果输入错误提示用户重新输入登录。然后设计四则运算游戏的图形界面程序。

> **需解决问题**
> 1. Java 程序中类有几种形式，类与对象是什么关系？
> 2. Java 程序的特点是如何体现的？
> 3. 什么是图形用户界面？
> 4. 如何创建一个图形界面的程序框架？
> 5. 什么是布局管理器，布局管理器中如何添加组件？

4.1.2　技术准备

4.1.2.1　面向对象简介

面向对象
程序设计

面向对象语言（Object-Oriented Language）是一类以对象作为基本程序结构单位的程序设计语言，指用于描述的设计是以对象为核心，而对象是程序运行时的基本成分。语言中提供了类、继承等成分，有识认性、多态性、类别性和继承性四个主要特点。

在 Java 语言中，我们可以将一个窗口当作一个主体（对象）来看待，定义窗口时除了要指定在面向过程中规定的那些属性，如大小、位置、颜色、背景等外，还要指定该窗口可能具有的动作，如隐藏、移动、最小化等。在定义窗口时，就要定义好对应这些动作的函数（也叫方法），如 Hide、Move、Minimize，注意体会这些函数名称与上面的名称的区别，从函数名称上就能看出，这些函数都不再接受代表窗口的参数。这些函数被调用时，都是以某个窗口要隐藏、某个窗口要移动、某个窗口要最小化的语法格式来使用的。这是一种主语与谓语的关系，程序的重点集中在主体/对象（主语）上。

对象是面向对象技术的核心。如车、狗、人等是实体的对象。程序设计中对象是指现实世界中的对象在计算机中的抽象表示，即仿照现实对象而建立的。对象可以是有生命的个体，也可以是无生命的个体。面向对象编程语言具有三个特征：封装（Encapsulation）、继承（Inheritance）、多态（Polymorphism）。

（1）封装

封装是面向对象的方法所遵循的一个重要原则，它有两个含义：一是指把对象的属性和行为看成一个密不可分的整体，将这两者"封装"在一个不可分割的独立单位（即对象）中；二是指"信息隐藏"，把不需要让外界知道的信息隐藏起来。有些属性或行为允许外界用户知道或使用，但不允许更改，而另一些属性或行为，则不允许外界知道，或只允许使用对象的功能，而尽可能隐藏对象功能的实现细节。

封装机制在程序设计中表现为，把描述对象属性的变量及实现对象功能的方法合在一起，定义为一个程序单位，并保证外界不能任意更改其内部的属性值，也不能任意调动其内部的功能方法。封装机制的另一个特点是，为封装在一个整体内的变量及方法规定不同级别的"可见性"或访问权限。

（2）继承

继承是面向对象方法中的重要概念，并且是提高软件开发效率的重要手段。首先拥有反映事物一般特性的类，然后在其基础上派生出反映特殊事物的类。在 Java 程序设计中，已有的类可以是 Java 开发环境所提供的一批最基本的程序——类库，用户开发的程序类就是继承这些已有的类。这样，现在类所描述的属性及行为，即已定义的变量和方法，在继承产生的类中可以使用。面向对象程序设计中的继承机制大大增加了程序代码的可复用性，提高了软件的开发效率，降低了程序产生错误的可能性，也为程序的修改扩充提供了便利。Java 支持单继承，通过接口的方式来弥补由于 Java 不支持多继承而带来的子类不能享用多个父类成员的缺点。

（3）多态

多态是面向对象程序设计的又一个重要特征，它允许程序中出现重名现象。Java 语言中含有方法重载与对象多态两种形式的多态。方法重载：在一个类中，允许多个方法使用同一个名字，但方法的参数不同，完成的功能也不同。对象多态：子类对象可以与父类对象进行相互转换，而且根据其使用的子类的不同，完成的功能也不同。多态的特性使程序的抽象程度和简捷程度更高，有助于程序设计人员对程序的分组协同开发。

4.1.2.2 类与对象

面向对象的编程思想力图使在计算机语言中对事物的描述与现实世界中该事物的本来面目尽可能地一致，类（Class）和对象（Object）就是面向对象方法的核心概念。类是对某一类事物的描述，是抽象的、概念上的定义；对象是实际存在的该类事物的个体，因此也称实例（Instance）。

（1）类的定义

在 Java 程序设计中，将具有相同属性及相同行为的一组对象称为类，也可以说类是具有共同性质的事物的集合。

类可以将数据和函数封装在一起，其中数据表示类的属性，方法（函数）表示类的行为。定义类就是要定义类的属性和行为（方法）。通过前面的学习我们知道，Java 程序是由类来构成的，所以在前面程序的学习中将主函数程序写在类中，我们把包含主函数的类称为主类，在一个项目的 Java 程序中只能有唯一的一个主类，也就是说只能有一个包含主函数的类，主函数是唯一的。所以由多个类构成的项目程序的框架一般格式如下：

```
修饰符 class A{
    类的成员变量;
    类的成员方法;
}
class B{
    ……
}
class C{
    public static void main(String[] args){
        ……
    }
}
```

在上面的程序框架中 A 类是常见的定义类的格式，其中在定义类时的关键字用 class，前面可以根据应用情况添加或是不添加修饰符，多个类中只能有一个类使用 public 修饰符，类中再定义成员变量与成员方法。

【例 4.1】定义一个 Person 类，该类用于实现人的一个行为"说话"。

```
class Person{
    int age;//类的成员变量
    void shout(){
        /*类的成员函数*/
        System.out.println("My age is: "+age);
    }
}
```

类的方法的应用

在 Java 语言中将对象的静态特征抽象为属性，用数据来描述，称之为成员变量。声明成员变量的一般格式如下：

修饰符 数据类型 成员变量名;

其中修饰符可以是 public、protected、private、static、final 等。成员变量的类型可以是 Java 内置的基本数据类型，也可以是自定义的复杂数据类型（类、接口或数组）。成员变量可以被类中方法、构造方法和特定类的语句块访问。

在 Java 语言中将对象的动态特征抽象为行为，用一组代码来表示，完成对数据的操作，称之为成员方法。定义方法的一般格式如下：

修饰符 返回类型 方法名([参数类型 参数名])[throws 异常列表]{方法体;}

中括号中为可选项。返回类型可以是基本数据类型，也可以是自定义的复杂数据类型（类、接口或数组）。如果方法没有返回值，也必须在返回类型处用 void 声明，说明这个方法是无返回值类型的。如果方法声明了某种返回类型，方法体中必须使用 return 关键字返回与声明类型一致的数据。

（2）对象的产生与使用

对象是类的一个实例，有属性和行为。在 Java 程序设计中使用类之前必须使用 new 关键字创建一个类的对象，也可以通过一个类创建多个对象，然后通过对象引用类中的成员变量和成员方法。当一个类创建了多个对象时,不同的对象都具有相同的属性和行为,也就是说它们都可以使用类的成员变量和成员方法,但是属性具有不同的值,在创建对象时,Java程序可以为每一个对象都开辟存储的内存空间。创建对象需要以下三步:

① 声明:声明一个对象,包括对象名称和对象类型。
② 实例化:使用关键字 new 来创建一个对象。
③ 初始化:使用 new 创建对象时,会调用构造方法初始化对象。

一般格式如下:

类名 对象名 = new 类名(参数);

【例4.2】创建 Person 类的对象,并使用类的成员变量与成员方法。

```
public class TestPerson{
    public static void main(String args[]){
        Person p1=new Person();  //使用 Person 类创建 p1 对象
        Person p2=new Person();  //使用 Person 类创建 p2 对象
        p1.age=27;   //对象 p1 调用 Person 类中的成员变量 age
        p1.shout();  //对象 p1 调用 Person 类中的成员方法 shout()
        p2.shout();  //对象 p2 调用 Person 类中的成员方法 shout()
    }
}
```

编译运行程序,结果为:

```
My age is:27
My age is:0
```

创建对象之后可以使用"对象名.类的成员变量"或者"对象名.类的成员方法"的格式来访问对象的成员(属性、方法)。通过上面的例题我们可以清楚地看到 p1 与 p2 对象的创建及对类中的成员变量与成员方法的引用,例如 p1 对象将成员变量 age 赋值 27,再由成员方法展示对象的行为,输出显示"My age is:27"。但我们还可以发现 p2 对象并没有对其成员变量 age 进行赋值,但是其成员方法同样也展示了行为输出了"My age is:0"。所以我们可以得出结论,我们之前学习过的变量必须要赋值后才能使用,而类的成员变量是当创建对象时会对其成员变量进行初始化赋值。各种类型的成员变量被初始化的初始值如表 4-1 所示。

表 4-1 类成员变量初始值

成员变量类型	初始值
byte	0
short	0
int	0
long	0L
float	0.0F
double	0.0D
char	'\u0000'(表示为空)
boolean	false
all reference type	null

每个创建的对象都是有自己的生命周期的,对象只能在其有效的生命周期内被使用,当没有引用变量指向某个对象时,这个对象就会变成"垃圾"不能再被使用,此时 JVM 的垃圾自动回收机制将会被启用。

📝 记一记:

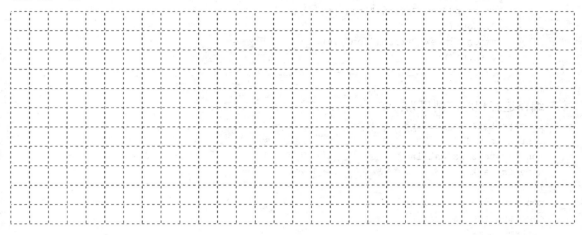

(3) 类的构造方法

构造函数是一种特殊的函数。其主要功能是用来在创建对象时初始化对象,即为对象成员变量赋初始值,总与 new 运算符一起使用在创建对象的语句中。构造函数与类名相同,可重载多个不同的构造函数。在 Java 语言中,构造函数与 C++语言中的构造函数相同,Java 语言中普遍称之为构造方法。

在 Java 程序设计中,每个类都有一个默认的构造方法,构造方法具有和类名相同的名称,而且不返回任何数据类型。例 4.2 中创建对象时已经调用了 Person 类的构造方法,构造方法是在创建类的对象时被调用的。

【例 4.3】构造方法的调用。

```java
class Person{
    private String name="unknown";
    private int age=-1;
    public Person(){
        System.out.println("constructor1 is calling");
    }
    public Person(String n){
        name=n;
        System.out.println("constructor2 is calling");
        System.out.println("name is"+name);
    }
    public Person(String n,int a){
        name=n;
        age=a;
        System.out.println("constructor3 is calling");
        System.out.println("name and age is"+name+";"+age);
    }
    public void shout(){
```

```
            System.out.println("listen to me!!");
        }
class TestPerson{
    public static void main(String[] args){
        Person p1=new Person();
        p1.shout();
        Person p2=new Person("Jack");
        p2.shout();
        Person p3=new Person("Tom",18);
        p3.shout();
    }
}
```

编译运行程序，结果为：
```
constructor1 is calling
listen to me!!
constructor2 is calling
name is Jack
listen to me!!
constructor3 is calling
name and age is Tom;18
listen to me!!
```

该例题的 Person 类中出现了三个与类名相同的成员方法（即构造方法），我们把这样的情况称为构造方法的重载，在类中默认存在的是与类名相同、无参数的构造函数，另外两个构造函数是人为填上编写的。我们在主函数中的三个对象调用了不同的构造方法，因为括号中传递的参数个数或类型不同，调用的构造方法也不同。重载构造方法可以完成不同初始化的操作，当创建一个 Person 实例对象的同时，直接给人的姓名和年龄赋值，可以使用下面的方式去产生这个 Person 实例对象。

`Person p1=new Person("Tom",18);`

不必先用 Person p1=new Person();语句产生 Person 实例对象，再单独对这个 Person 实例对象的姓名和年龄赋值。

📝 记一记：

4.1.2.3 修饰符

修饰符是 Java 中特定的保留字,用了指定数据、方法和类的属性与使用方式,分为访问修饰符和非访问修饰符两种。访问修饰符主要有:public、protected、private、default(默认状态,什么也不写),非访问修饰符主要有:static、final、abstract、synchronized、transient、volatile。

方法与修饰符

(1)访问控制修饰符

在 Java 中,可以使用访问控制符来保护对类、变量、方法和构造方法的访问。Java 支持 4 种不同的访问权限,以实现不同范围的访问能力,访问控制修饰符的访问控制范围见表 4-2。

表 4-2 访问控制修饰符访问控制范围

修饰符	当前类	同一包内	子孙类(同一包)	子孙类(不同包)	其他包
public	Y	Y	Y	Y	Y
protected	Y	Y	Y	Y/N(说明)	N
private	Y	N	N	N	N
default	Y	Y	Y	N	N

① 公有访问修饰符(public)。在 Java 程序中被 public 关键词修饰的类、方法、构造方法、接口能够被一个项目程序中的所有类可见,可以被其他的所有类进行访问。其 public 修饰的内容访问权限是所有修饰符中最高的。例 4.3 主函数中的对象就是调用了 Person 类中的三个公有构造方法。

② 受保护访问修饰符(protected)。在 Java 程序中使用 protected 可以修饰变量和方法,不能修饰类与接口。使用 protected 修饰的对象可以被同一包中的类和其子类进行访问,在跨包进行使用时,需要在文件头引用 protected 所在包的类。

【例 4.4】对于使用 protected 修饰对象的使用方法。

```
package bao1;   //对类进行打包
class Person{   //父类
    protected int age;
    protected void shout(){
    Systemt.out.println("My age is :"+age);
    }
}
package bao2;
import bao1.Person;   //引用 protected 修饰对象所在的类
public class TestPerson extends Person{
    public static void main(String args[]){
        TestPerson p1=new TestPerson();
        p1.age=27;
        p1.shout();
    }
}
```

③ 私有访问修饰符(private)。private 在 Java 程序中的访问范围是小的,也是访问级别最严格的,private 与 protected 有一点相似,就是也只能修饰变量和方法,不能修饰类和接口。使用 private 只能被修饰对象所在的类中的内容进行访问,对其他类都不可见。通常使用

private 主要是为了隐藏类中的实现细节（即方法）并保护类中的数据（变量）。

【例 4.5】 private 修饰符的使用。

```
package bao;
public class TestPerson{
    private int age;    //私有的成员变量
    public int getAge(){    //私有成员变量的get方法
        return age;
    }
    public void setAge(int age){    //私有成员变量的set方法
        this.age=age;
    }
    public static void main(String[] args){
        TestPerson p=new TestPerson();    //创建类的对象
        p.setAge(27);    //调用对象的set方法，为成员变量赋值
        System.out.println("age="+p.getage());    //打印成员变量age的值
    }
}
```

编译运行程序，结果为：
age=27

④ 默认访问修饰符（default）。默认访问修饰符即不使用任何修饰符，如果程序中类、接口、变量、方法定义前没有使用任何修饰符就是默认访问修饰符的状态，此类对象可以被该类本身和与类在同一包中的其他类进行访问。

记一记：

（2）非访问控制修饰符

为了实现一些其他的功能，Java 也提供了许多非访问修饰符。static 修饰符用来修饰类方法和类变量。final 修饰符用来修饰类、方法和变量，final 修饰的类不能够被继承，修饰的方法不能被继承类重新定义，修饰的变量为常量，是不可修改的。abstract 修饰符用来创建抽象类和抽象方法。synchronized 和 volatile 修饰符主要用于线程的编程。

1）static 修饰符

static 修饰符用来修饰类的成员变量和成员方法，也可以形成静态代码块。static 修饰符

的成员变量和成员方法一般称为静态变量和静态方法，可以直接通过类名访问它们，访问的格式为：

类名.静态方法(参数)；

类名.静态变量；

① 静态变量。我们在程序设计中编写类时，其实际就是在描述其对象的属性和行为，而并没有产生实质的对象，只有通过 new 关键字才会产生对象，这时系统才会分配内存空间给对象，其方法才可以供外部调用。

static 关键字用来声明独立于对象的静态变量。有时候，我们希望无论是否产生了对象或无论产生了多少对象的情况下，某些特定的数据在内存空间里只有一份，例如所有的中国人都有国家名称，每一个中国人都共享这个国家名称，不必在每一个中国人的实例对象中都单独分配一个代表国家名称的变量。我们可以在程序中通过中国人的实例对象来访问这个变量，要实现这个效果，我们只需要在类中定义的国家名称变量前面加上 static 关键字即可，我们称这种变量为静态成员变量。我们也可以直接使用类名来访问这个国家名称变量，还可以在类的非静态的成员方法中像访问其他非静态成员变量一样去访问这个静态成员变量。静态变量在某种程度上与其他语言的全局变量相类似，如果不是私有的就可以在类的外部进行访问，此时不需要产生类的实例对象，只需要类名就可以引用。

【例 4.6】 static 静态成员变量的使用。

```
class Chinese{
    static String country="中国";
    String name;
    int age;
    void shout(){
        System.out.println("我爱我的祖国"+country);  //类中的成员方法也可以直接访问静态成员变量
    }
}
class TestChinese{
    public static void main(String []args){
        System.out.println("我的祖国是："+Chinese.country);//使用"类名.成员"的格式调用成员变量
        Chinese ch1=new Chinese();
        System.out.println("我的祖国是："+ch1.country);
        ch1.shout();
    }
}
```

编译运行程序，结果为：

我的祖国是：中国

我的祖国是：中国

我爱我的祖国中国

我们不能把任何方法体内的变量声明为静态，下面这样使用 static 修饰符是不行的。

```
fun()
{
static int i=0;
}
```

用 static 标识符修饰的变量,它们在类被载入时创建,只要类存在,static 变量就存在。由于静态成员变量能被各实例对象所共享,因此我们可以用它来实现一些特殊效果,如我们想统计在程序中一共产生了多少某个类的实例对象,可以用下面的方法统计:

```
class Count{
    private static int count=0;
    public count(){
        count= count+1;
    }
}
```

上面的程序中,每产生一个类 count 的实例对象,都会调用类 count 的构造方法,在构造方法中将 count 加 1,就可以统计出总共产生了多少个类 count 的实例对象,为了防止外面的程序直接修改 count 变量,用 private 关键字限定 count 变量的访问权限。

如何统计一个类在程序中目前有多少个实例对象呢?只要在上面这个程序的基础上增加一些代码,在一个实例对象被释放时将 count 减 1。那么怎么能够提前知道一个对象在什么时候会被释放?在垃圾回收中,如果一个对象的 finalize 方法被调用,就表示这个对象马上要被从内存中清除了。可以编写如下代码来实现需求。

【例 4.7】static 修饰的静态成员变量实例对象的个数统计。

```
class Count{
    private static int count=0;
    public count(){
        count=count+1;
    }
    public void finalize(){
        count=count -1;
    }
}
```

Java 语言中垃圾回收器的启用不由程序员控制,也无规律可循,并不会一产生了垃圾它就被唤起,甚至有可能到程序终止它都没有启动的机会,因此利用垃圾回收来解决程序中的一些问题并不是一个很可靠的机制。也就是说,我们很难真正实现"统计一个类在程序中目前有多少个实例对象"这个愿望。其实,也不需要去处理这个问题,因为一个对象只要变成了垃圾(还会呆在内存中),就不用再管它了,剩下来的工作都是 Java 系统的事情,跟程序没有关系。真正可能会关心的一个问题是"统计一个类在程序中目前有多少个有效(还没变成垃圾)的实例对象",对于这个问题,我们只要知道一个对象变成垃圾时会调用对象的哪个方法,就可以实现我们的需求了。当没有引用指向一个对象时,这个对象就会变成垃圾。这个问题涉及一些更复杂的知识,不作为深入讲解的范围。

② 静态方法。在程序设计中有时也希望不必创建对象就可以调用某个方法,换句话说也就是使该方法不必和对象绑在一起。要实现这样的效果,只需要在类中定义的方法前加上 static 关键字即可,我们称这种方法为静态成员方法。同静态成员变量一样,可以用类名直接访问静态成员方法,也可以用类的实例对象来访问静态成员方法,还可以在类的非静态的成员方法中像访问其他非静态方法一样去访问这个静态方法。静态方法不能使用类的非静态变量。静态方法从参数列表得到数据,然后计算这些数据,如下面的程序代码。

【例4.8】 static修饰的静态成员方法的使用。

```
class Chinese{
    static void sing(){
        System.out.println("啊!");
    }
    void shout(){
        sing();//类中的成员方法也可以直接访问静态成员方法
    }
}
class TestChinese{
    public Static void main(String [] args){
        Chinese.sing();//使用"类名.成员"的格式调用成员方法
        Chinese ch1=new Chinese();
        ch1.sing();
        ch1.shout();
    }
}
```

类的静态成员经常被称作"类成员",对于静态成员变量,我们称之为类属性,对于静态成员方法,我们称之为类方法。采用static关键字说明类的属性和方法不属于类的某个实例对象,在前面所设计的程序中反复用到的System.out.println()语句,其中System是一个类名,out是System类的一个静态成员变量,println()方法则是out所引用的对象的方法。System.gc()语句中的gc()也是System类的一个静态方法。在使用类的静态方法时,要注意以下几点:

a. 在静态方法里只能直接调用同类中其他的静态成员(包括变量和方法),而不能直接访问类中的非静态成员。这是因为,对于非静态的方法和变量,需要先创建类的实例对象后才可使用,而静态方法在使用前不用创建任何对象。

b. 静态方法不能以任何方式引用this和super关键字。与上面的道理一样,因为静态方法在使用前不用创建任何实例对象,当静态方法被调用时,this所引用的对象根本就没有产生。

c. main()方法是静态的,因此JVM在执行main方法时不创建main方法所在的类的实例对象,因而在main()方法中,不能直接访问该类中的非静态成员,必须创建该类的一个实例对象后,才能通过这个对象去访问类中的非静态成员。

③ 静态代码块。一个类中可以使用不包含在任何方法体中的静态代码块,当类被载入时,静态代码块被执行,且只被执行一次,静态代码块经常用来进行类属性的初始化,如下面的程序代码。

【例4.9】 静态代码块的使用。

```
class StaticCode{
    static String country;
    static{
        country="china";
        System.out.println("StaticCode is loading");
    }
}
```

```
class TestStaticCode{
    static{
        System.out.println("TestStaticcode is loading");
    }
    public static void main(String [] args){
        System.out.println("begin executing main method");
        new StaticCode();
        new StaticCode();
    }
}
```

编译运行程序,结果为:
```
TestStaticCode is loading
begin executing main method
StaticCode is loading
```

类 StaticCode 中的静态代码块被自动执行,尽管产生了类 StaticCode 的两个实例对象,但其中的静态代码块只被执行了一次。上面的例子也反过来说明,当一个程序中用到了其他的类,才会去装载那个类。因此,可以得出这个结论:类是在第一次被使用的时候才被装载,而不是在程序启动时就装载程序中所有可能要用到的类。

📝 记一记:

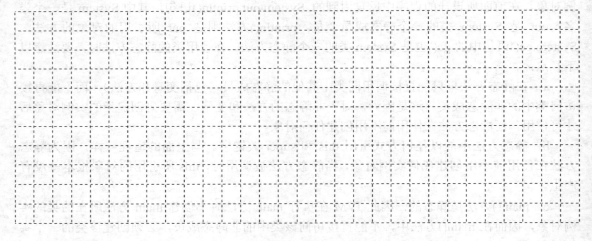

2)final 修饰符

final 关键字在 Java 程序设计中可以修饰类、方法和变量,意义不同,但是本质相同,都表示不可改变。

① final 修饰类中变量。用 final 修饰的成员变量表示常量,值一旦给定就无法改变。final 修饰的变量有 3 种,分别是静态变量、成员变量和局部变量。变量的初始化分为两种情形:一是定义时初始化,二是在构造方法中赋值。

final 变量定义的时候,可以先声明而不给初值,这种变量也称为 final 空白,无论何种情况,编译器都确保 final 空白在使用前必须被初始化。但是,final 空白在 final 关键字的使用上提供了更大的灵活性,因此,一个类中的 final 数据成员就可以实现根据对象而有所不同却又保持其恒定不变的特征。

② final 修饰类中方法。如果一个类不允许其子类覆盖某个方法,则可以把这个方法声

明为 final 方法。使用 final 方法的原因有两个：一是把方法锁定，防止任何继承类修改它的意义和实现；二是高效，编译器在遇到调用 final 方法时，会转入内嵌机制，大大提高执行效率。

③ final 修饰类。final 关键字修饰的类不能被继承，即最终类。因此，final 类的成员方法没有机会被覆盖，默认都是 final 的。在设计类的时候，如果这个类不需要有子类，类的实现细节不允许改变，并且确信这个类不会再被扩展，那么就设计为 final 类。

【例 4.10】 final 关键字的使用。

```
public class Work{
    //定义父类
    final int f=9;
    final void work(){//使用 final 修饰方法
        System.out.println("I work at my office!");
    }
}
public class Study extends Work{
    //子类继承父类
    public static void main(String[] args){
        Study s= new Study();
        s.f=12;
        System.out.println(s.f);
    }
    void work(){   //子类尝试重写父类的 work()
    }
}
```

例 4.10 中，父类使用 final 声明了 work()方法，使用 final 声明了整型变量 f。在子类中为变量 f 赋值，编译错误信息提示 "错误：无法为最终变量 f 分配值"。Study 类重写父类的 work() 方法时，编译出现错误信息提示："Study 中的 work()无法覆盖 Work 中的 work()，被覆盖的方法为 final"，即 final 定义的成员方法不能被重写。

3）abstract 修饰符

abstract 关键字修饰的类称为抽象类。抽象类不能用来实例化对象，声明抽象类的唯一目的是将来对该类进行扩充。抽象类可以包含抽象方法和非抽象方法。如果一个类包含若干个抽象方法，那么该类必须声明为抽象类。抽象类可以不包含抽象方法，抽象方法的声明以分号结尾。

一个类不能同时被 abstract 和 final 修饰。抽象方法是一种没有任何实现的方法，该方法的具体实现由子类提供。任何继承抽象类的子类必须实现父类的所有抽象方法，除非该子类也是抽象类。

4）synchronized 修饰符

synchronized 关键字声明的方法同一时间只能被一个线程访问。synchronized 的作用有如下两种。

① 在某个对象内，synchronized 关键字修饰的方法可以防止多个线程同时访问这个方法。这时，不同对象的 synchronized 方法是相互不干扰的。也就是说，其他线程照样可以同时访问相同类的另一个对象中的 synchronized 方法。如果一个对象有多个 synchronized 方法，只

要一个线程访问了其中一个 synchronized 方法，其他线程就不能同时访问这个对象中任何一个 synchronized 方法。

② 在某个类中，synchronized 修饰静态方法以防止多个线程同时访问这个类中的静态方法，它可以对类的所有对象起作用。

5）transient 修饰符

序列化的对象包含被 transient 修饰的成员变量时，Java 虚拟机（JVM）跳过该特定的变量。该修饰符包含在定义变量的语句中，用来预处理类和变量的数据类型。

6）volatile 修饰符

Java 语言程序设计支持多线程，为了解决线程并发的问题，在语言内部引入了同步块和 volatile 关键字机制。volatile 修饰的成员变量在每次被线程访问时，会强制线程将变化值回写到共享内存。这样在任何时刻，两个不同的线程总是看到某个成员变量的同一个值。一个 volatile 对象引用可能是 null。

记一记：

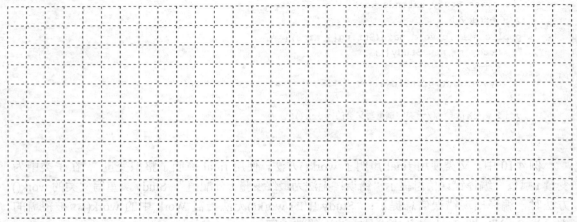

4.1.2.4 封装、继承与多态

Java 语言是一个典型的面向对象程序设计语言，在面向对象的介绍中我们了解了面向对象程序设计的三个特征：封装、继承和多态。

（1）封装

在面向对象程序设计方法中，封装（Encapsulation）是指一种将抽象性函数接口的实现细节部分包装、隐藏起来的方法。封装可以被认为是一个保护屏障，防止该类的代码和数据被外部类定义的代码随机访问。要访问该类的代码和数据，必须通过严格的接口控制。

封装最主要的功能在于我们能修改自己的实现代码，而不用修改那些调用我们代码的程序片段。适当的封装可以让程序码更容易理解与维护，也加强了程序编码的安全性。封装的优点如下。

- 良好的封装能够减少耦合。
- 类内部的结构可以自由修改。
- 可以对成员变量进行更精确的控制。
- 隐藏信息，实现细节。

【例 4.11】 程序设计中封装的使用。

```
class Person{
    private int age;
    public void setAge(int i){
        if(i<0 || i>130)
            return;
        age=i;
    }
    public int getAge(){
        return age;
    }
}
public class TestPerson{
    public static void main(String args[]){
        Person p1=new Person();
        P1.setAge(3);
        P1.setAge(-6);
        System.out.println(p1.getAge());
    }
}
```

编译运行程序，结果为：

3

例 4.11 程序中 Person 类中成员变量 age 被定义成了私有（private）变量，只有该类中的其他成员可以访问它，然后在该类中定义两个公有（public）的方法 setAge()和 getAge()供外部调用者访问，setAge()方法可以接受一个外部调用者传入的值，当此值超出 0～130 的范围就被视为超范围内容，就不再继续对 age 变量进行赋值操作，如果在此范围内就被赋值给成员变量 age，而 getAge()方法可以给外部调用者返回 age 变量的值，外部调用者只能访问这两个方法，不能直接访问成员变量 age。我们通过将类的成员变量声明为私有的（private），再提供一个或多个公有（public）方法实现对该成员变量的访问或修改。

一个类通常就是一个小的模块，我们应该让模块仅仅公开必须要让外界知道的内容，而隐藏其他一切内容。在进行程序的详细设计时，应尽量避免一个模块直接修改或操作另一个模块的数据，模块设计追求强内聚（许多功能尽量在类的内部独立完成，不让外面干预）、弱耦合（提供给外部尽量少的方法调用）。

记一记：

在 Java 程序设计中采用 this 关键字是为了解决实例变量和局部变量之间发生的同名的冲突。this 关键字只能用于方法体内，当一个对象创建后，Java 虚拟机（JVM）就会为这个对象分配一个引用自身的指针，这个指针的名字就是 this。因此，this 只能在类中的非静态方法中使用，静态方法和静态的代码块中绝对不能出现 this。并且 this 只和特定的对象关联，而不和类关联，同一个类的不同对象有不同的 this。所以，this 指代的是当前类或对象本身，更准确地说，this 代表了当前类或对象的一个"引用"。

【例 4.12】 this 关键字的用法。

```
package bao;
public class ThisTest{
    int x=0;
    public void test(int x){
        x=3;
        System.out.println("在方法内部：");
        System.out.println("成员变量x="+ this.x);   //调用成员变量x
        System.out.println("局部变量x="+x);    //调用方法内的局部变量x
        System.out.println();
    }
    public static void main(String args[]){
        ThisTest t=new ThisTest();
        System.out.println("调用方法前：");
        System.out.println("成员变量x="+t.x);  //调用成员变量x
        System.out.println();
        t.test(6);
        System.out.println("调用方法后：");
        System.out.println("成员变量x="+t.x);  //调用成员变量x
    }
}
```

编译运行程序，结果为：
调用方法前：
成员变量 x=0
在方法内部：
成员变量 x=0
局部变量 x=3
调用方法后：
成员变量 x=0

📝 记一记：

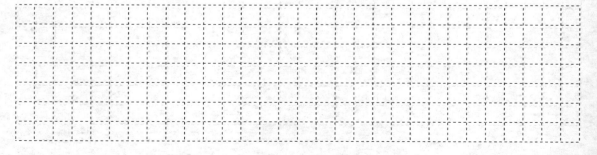

（2）继承

面向对象的重要特色之一就是能够使用以前建造的类的方法和属性。通过简单的程序代码来建造功能强大的类，会节省大量编程的时间，更为重要的是，这样做可以减少代码出错的机会。类的继承就是通过子类继承父类的特征和行为，使得子类对象（实例）具有父类的实例域和方法，或子类从父类继承方法，使得子类具有父类相同的行为。

在 Java 语言程序设计中，支持类的单继承和多层继承（即 B 类继承 A 类，C 类继承 B 类，……），但不支持多继承，即一个类只能继承一个类而不能继承多个类。

例如，学生、教师、工人等都可以归于人这一类，教师可以继承人这一类的某些属性（姓名、性别、年龄等）和方法（吃饭、睡觉、运动等）。按照以往学习的内容来设计学生、教师、工人三个类的程序代码如例 4.13 所示。

【例 4.13】 定义学生、教师、工人 3 个功能类。

```java
package bao;
public class Student{
    private String name;
    private int id;
    public Worker(String myName,int myid){
        name=myName;
        id=myid;
    }
    public void eat(){
        System.out.println(name+"正在吃饭");
    }
    public void work(){
        System.out.println(name+"正在上课");
    }
    public void introduce(){
        System.out.println("我的id是"+id+",姓名是"+name+".");
    }
}
public class Teacher {
    private String name;
    private int id;
    public Teacher(String myName,int myid){
        name=myName;
        id=myid;
    }
    public void eat(){
        System.out.println(name+"正在吃饭");
    }
    public void work(){
        System.out.println(name+"正在上课");
    }
    public void introduce(){
        System.out.println("我的id是"+id+",姓名是"+name+".");
    }
}
```

```java
public class Worker {
    private String name;
    private int id;
    public Worker(String myName,int myid){
        name=myName;
        id=myid;
    }
    public void eat(){
        System.out.println(name+"正在吃饭");
    }
    public void work(){
        System.out.println(name+"正在上班");
    }
    public void introduce(){
        System.out.println("我的id是"+id+",姓名是"+name+".");
    }
}
```

从上例中我们可以看到 3 个类中都有相同的成员变量和成员方法,从而导致代码量臃肿,维护工作量大,后期需要修改的时候不但工作量会增加而且容易出错,所以为了解决这样的问题需要考虑用继承的方法,对例 4.13 中代码进行整合,使用继承的理念设计功能程序如例 4.14 所示。在 Java 中通过 extends 关键字可以申明一个类是从另外一个类继承而来的,一般形式如下:

```
class 父类 {
}
class 子类 extends 父类 {
}
```

【例 4.14】 使用继承设计程序功能。

```java
package bao;
public class Person {   //定义父类
    private String name;
    private int id;
    public Person(String myName,int myid){
        name=myName;
        id=myid;
    }
    public void eat(){
        System.out.println(name+"正在吃饭");
    }
    public void work(){
        System.out.println(name+"正在上班");
    }
    public void introduce(){
        System.out.println("我的id是"+id+",姓名是"+name+".");
    }
}
class Student extends Person{   //定义子类 Student 继承父类 Person
    public Student (String myName,int myid){   //定义构造函数
```

```
        super(myName,myid);      //使用 super 关键字调用父类的构造函数
    }
}
class Teacher extends Person{
    public Teacher (String myName,int myid){
        super(myName,myid);
    }
}
class Worker extends Person{
    public Worker (String myName,int myid){
        super(myName,myid);
    }
}
```

通过继承的方式实现的程序我们可以看到子类不但继承了父类中的成员变量与成员函数，而且不存在重复的代码，维护性也提高了，提高了代码的复用性（复用性主要是可以多次使用，不用再多次写同样的代码）。Java 中的继承具有以下 5 个特点。

- 子类拥有父类非 private 的属性、方法，子类不能访问父类的 private 成员。
- 子类可以拥有自己的属性和方法，即子类可以对父类进行扩展。
- 子类可以用自己的方式实现父类的方法。
- Java 的继承是单继承，但是可以多重继承，单继承就是一个子类只能继承一个父类，多重继承就是，例如 A 类继承 B 类，B 类继承 C 类，按照关系就是 C 类是 B 类的父类，B 类是 A 类的父类，这是 Java 继承区别于 C++继承的一个特性。
- 提高了类之间的耦合性（继承的缺点，耦合度高就会造成代码之间的联系越紧密，代码独立性越差）。

记一记：

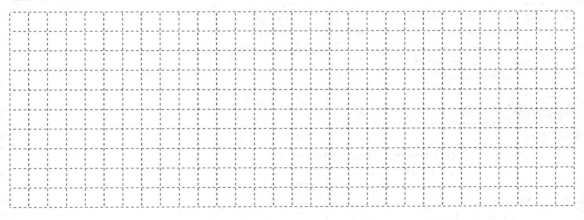

（3）多态

多态是指程序的多种表现形式，除了方法的重载，子类对父类方法的覆盖或者子类对抽象父类中的抽象方法的具体定义也是类多态的一种表现形式。所谓覆盖，就是定义子类的方法时，使用与其父类中相同的名称和参数。在执行程序时，将执行子类的方法，而覆盖父类的方法。多态的应用具有以下 6 个优点。

- 消除类之间的耦合关系。

- 可替换性。
- 可扩充性。
- 接口性。
- 灵活性。
- 简化性。

要实现多态也存在着 3 个必要的条件。
- 继承。
- 重写。
- 父类引用指向子类对象。

【例 4.15】创建父类 Employee，子类 Salary，并对 mailCheck()方法实现多态。

```java
/* 文件名：Employee.java */
public class Employee {
  private String name;
  private String address;
  private int number;
  public Employee(String name, String address, int number) {
    System.out.println("Employee 构造函数");
    this.name = name;
    this.address = address;
    this.number = number;
  }
  public void mailCheck() {
    System.out.println("邮寄支票给： " + this.name
     + " " + this.address);
  }
  public String toString() {
    return name + " " + address + " " + number;
  }
  public String getName() {
    return name;
  }
  public String getAddress() {
    return address;
  }
  public void setAddress(String newAddress) {
    address = newAddress;
  }
  public int getNumber() {
    return number;
  }
}
/* 文件名：Salary.java */
public class Salary extends Employee
{
  private double salary; // 全年工资
  public Salary(String name, String address, int number, double salary) {
    super(name, address, number);
```

```java
            setSalary(salary);
        }
        public void mailCheck() {
            System.out.println("Salary 类的 mailCheck 方法 ");
            System.out.println("邮寄支票给: " + getName()
            + " , 工资为: " + salary);
        }
        public double getSalary() {
            return salary;
        }
        public void setSalary(double newSalary) {
            if(newSalary >= 0.0) {
                salary = newSalary;
            }
        }
        public double computePay() {
            System.out.println("计算工资, 付给: " + getName());
            return salary/52;
        }
    }
/* 文件名 : VirtualDemo.java */
public class VirtualDemo {
    public static void main(String [] args) {
        Salary s = new Salary("员工 A", "北京", 3, 3600.00);
        Employee e = new Salary("员工 B", "上海", 2, 2400.00);
        System.out.println("使用 Salary 的引用调用 mailCheck -- ");
        s.mailCheck();
        System.out.println("\n 使用 Employee 的引用调用 mailCheck--");
        e.mailCheck();
    }
}
```

编译运行程序，结果为：

```
Employee 构造函数
Employee 构造函数
使用 Salary 的引用调用 mailCheck --
Salary 类的 mailCheck 方法
邮寄支票给: 员工 A, 工资为: 3600.0
使用 Employee 的引用调用 mailCheck--
Salary 类的 mailCheck 方法
邮寄支票给: 员工 B, 工资为: 2400.0
```

例题中实例化了两个 Salary 对象：一个使用 Salary 引用 s，另一个使用 Employee 引用 e。当调用 s.mailCheck()时，编译器在编译时会在 Salary 类中找到 mailCheck()，执行过程 Java 虚拟机（JVM）就调用 Salary 类的 mailCheck()。因为 e 是 Employee 的引用，所以调用 e 的 mailCheck()方法时，编译器会去 Employee 类查找 mailCheck()方法。在编译的时候，编译器使用 Employee 类中的 mailCheck()方法验证该语句，但是在运行的时候，Java 虚拟机（JVM）调用的是 Salary 类中的 mailCheck()方法。要想调用父类中被重写的方法，则必须使用关键字 super。

以上整个过程被称为虚拟方法调用,该方法被称为虚拟方法。Java 中所有的方法都能以这种方式表现,因此,重写的方法能在运行时调用,不管编译的时候源代码中引用变量是什么数据类型。

📝 记一记：

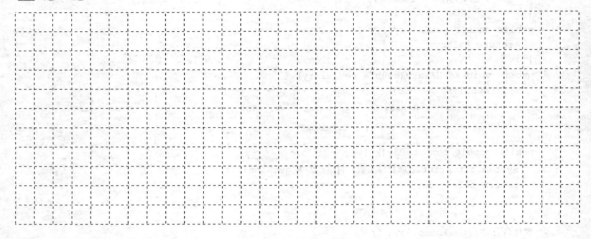

4.1.2.5 AWT 与 Swing

GUI（Graphical User Interface）是我们常说的图形用户界面。图形用户界面是应用程序提供给用户操作的图形界面,包括窗口、菜单、按钮、工具栏和其他各种屏幕元素。目前,图形用户界面已经得到广大用户的认可,几乎所有系统的开发都要达成图形用户界面的设计。所以,几乎所有的程序设计语言都提供了 GUI 设计功能。在 Java 里有两个包为 GUI 设计提供丰富的功能,它们是 AWT 和 Swing。AWT 是 Java 的早期版本,其中的 AWT 组件种类有限,可以提供基本的 GUI 设计工具,却无法完全实现目前 GUI 设计所需的所有功能。Swing 是 SUN 公司对早期版本的改进版本,它不仅包括 AWT 中具有的所有部件,还提供了更加丰富的部件和功能,足以完全实现 GUI 设计所需的一切功能。

（1）AWT

AWT（Abstract Window Toolkit）,中文译为抽象窗口工具包,该包提供了一套与本地图形界面进行交互的接口,是 Java 提供的用来建立和设置 Java 的图形用户界面的基本工具。AWT 中的图形函数与操作系统所提供的图形函数之间有着一一对应的关系,称之为 peers,当利用 AWT 编写图形用户界面时,实际上是在利用本地操作系统所提供的图形库。由于不同操作系统的图形库所提供的样式和功能是不一样的,在一个平台上存在的功能在另一个平台上则可能不存在。为了实现 Java 语言所宣称的"一次编写,到处运行"的理念,AWT 不得不通过牺牲功能来实现平台无关性,也即 AWT 所提供的图形功能是各种操作系统所提供的图形功能的交集。

抽象窗口工具包 AWT 可用于 Java 的 applet 和 applications 中。它支持的图形用户界面编程的功能包括：用户界面组件；事件处理模型；图形和图像工具,包括形状、颜色和字体类；布局管理器(可以进行灵活的窗口布局而与特定窗口的尺寸和屏幕分辨率无关)；数据传送类,可以通过本地平台的剪贴板来进行剪切和粘贴。Java 早期窗口组件设计相关的类有：标签（Label）、按钮（Button）、文本输入（TextArea 和 TextField）、窗口（Frame）、菜单（Menu）、面板（Panel）、对话框（Dialog）等，其中的某些组件（如窗口、面板、对话框等）用来放置其他的组件，称之为容器（Container），该包中还包括定义字体（Font）、颜色（Color）、几何绘图（Graphics）、图像（Image）。如果程序中用到了该包中的类，需要在源代码程序前面通过 import 语句引入它们。

 记一记：

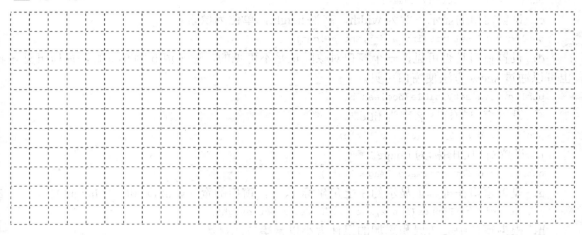

（2）Swing

Swing 是以抽象窗口工具包（AWT）为基础的用于开发 Java 应用程序用户界面的开发工具包。Swing 工具包使跨平台应用程序可以使用任何可插拔的外观风格。Swing 开发人员只用很少的代码就可以利用 Swing 丰富、灵活的功能和模块化组件来创建优雅的用户界面。工具包中所有的包都是以 swing 作为名称，例如 javax.swing.javax.event。AWT 是 Java 早期的技术，其图形界面组件占用较多的资源，在不同的操作系统平台上外观也不完全一样。随着 Java 的发展，SUN 公司提供了 swing 组件，该组件占用的系统资源较少，视觉上比 AWT 组件美观，跨平台特性更好。所有 swing 组件都在 Java 扩展包 javax.swing 包中。常把 java.awt 组件称为重量级组件，javax.swing 组件称为轻量级组件。

javax.swing 包中所提供的组件比 AWT 组件更多，并且大部分 AWT 组件（Frame，Applet，Label，Button，TextField，TextArea 等）都有 swing 组件取代（JFrame，JApplet，JLabel，JButton，JTextField，JTextArea 等），但大部分 javax.swing 组件并不是继承自对应的 java.awt 组件。实际上 java.swing 包中只有 JFrame（窗口）、JApplet（小程序）、JDialog（对话框）等容器组件不是由 JComponent 派生，而是分别继承自 java.awt 包中的 Frame、Applet、Dialog 等类，因为它们都与本地系统资源密切相关。尽管其他 swing 组件名前都有字母 J（如 JButton），但都是从 JComponent 类派生来的，JComponent 类继承自容器类，这也是大部分 java.swing 组件可以添加图标（Icon），设置组件的边界修饰的原因。

Swing 在 Java 图形用户界面设计中的应用介绍如下。

Swing 包中有容器类组件 JFrame、JDialog、JApplet、JPanel 和 JScrollPane。

① JFrame。JFrame 类是从容器类 Container 中的派生类，是 Java 中的底层窗口容器类。容器能够容纳其他组件的对象，如：标签、按钮、文本组件等，通过容器类的 add 方法可将不同组件添加到容器中。通过容器类的 setLayout 方法可以设置容器的布局，安排各种组件在

容器中的摆放位置。那么在 Java 程序设计中如何来创建窗口呢？

我们首先需要使用 javax.swing 包中的 JFrame 类或其子类创建一个对象，即一个窗口。

a. 创建一个没有窗口名称的窗口。
`public JFrame()`

b. 创建一个名字为 title 的窗口。
`public JFrame(String title)`

c. 设置窗口的显示，宽为 width，高为 height，单位为像素。
`public void setSize(int width,int height)`

d. 设置窗口是否可见，一个窗口对象默认是不可见的，逻辑值 b 为 true 时，窗口可见。也可以通过 show 方法使窗口可见。
`public void setVisible(boolean b)`

e. 设置窗口的标题名字为 title。
`public void setTitle(String title)`

f. 设置窗口的图标为 image。
`public void setIconImage(Image image)`

g. 设置窗口在屏幕上显示的左上角坐标 x、y，窗口的宽（width）和高（height）。
`public void setBounds(int x,int y,int width,int height)`

h. 根据窗口中的布局和添加的组件大小以紧凑方式显示。
`public void pack()`

通常覆盖其类的方法：public Dimension getPreferredSize()后，调用 pack()方法则以所设置的大小显示窗口。

JFrame 是底层框架容器，但并不能直接将组件加入到其中，以下方法分别用来获取窗口内容面板、设置内容面板的布局和添加控件。

a. 获取 JFrame 的内容面板（Content Pane），该方法返回容器类 java.awt.Container 对象，其他组件可添加到该内容面板中。
`public Container getContentPane()`

b. 设置内容面板的布局，参数 manager 为各种布局对象。
`public void setLayout(LayoutManager manager)`

c. 向内容面板中添加组件，第 1 个参数 comp 为要添加的组件，第 2 个参数为所添加的位置。JFrame 默认的布局方式是边框布局（java.awt.BorderLayout）即东、南、西、北、中的布局。
`public void add(Component comp,Object constraints)`

【例 4.16】JFrame 类定义与创建窗口。

```
import javax.swing.*;
public class TestFrame{
    public static void main(String args[]){
        JFrame f=new JFrame("Test Window");//创建 JFrame 类的窗口对象，并设置标题为"Test Window"
        f.getContentPane().add(new JButton("OK"));
        f.setSize(500,500);//设置窗口的大小，宽、高分别为 500 像素
        f.setVisible(true);//设置窗口课件
    }
}
```

编译运行程序,结果如图 4.2 所示。

图 4-2　JFrame 创建窗口

② JPanel。JPanel 是 Swing 的一种中间层容器,它可以容纳组件并使它们组合在一起。JPanel 无法单独显示,必须添加到容器中才可以显示。JPanel 的默认布局管理器是 FlowLayout。当把 JPanel 作为一个组件添加到某个容器中后,它仍然可以有自己的布局管理器。JPanel 常用构造方法如下。

a.使用默认布局管理器创建新面板。
`public JPanel()`
b.创建指定布局管理器的新面板。
`public JPanel(LayoutManager layout)`
layout:布局管理器对象。
JPanel 类的常用方法如下:
a.设置面板的背景色。
`setBackground(Color c);`
b.设置面板的字体。
`setFont(Font font);`
c.设置面板的布局管理器。
`setLayout(LayoutManager mgr)`
d.将指定组件添加到容器的尾部。
`add(Component comp)`
e.设置面板的位置、宽度和高度。
`setBounds(int x,int y,int width,int height)`

【例 4.17】JPanel 类的使用。

```
import java.awt.Color;
import javax.swing.*;
public class TestJPanel{
    public static void main(String[] args){
        JFrame f = new JFrame();
```

```
            f.setTitle("JPanel");
            JPanel p=new JPanel();//创建面板
            p.setBackground(Color.CYAN); //设置面板背景色
            JLabel label=new JLabel("JLabel");//创建标签
            JLabel label1=new JLabel("JLabel1");
            JLabel labe12=new JLabel("JLabe12");
            p.add(label); //将标签添加到面板上
            p.add(label1);
            p.add(labe12);
            f.add(p); //将面板添加到窗体上
            f.setBounds(400,150,500,500); //设置窗体
            f.setVisible(true);
    }
}
```

编译运行程序，结果如图 4-3 所示。

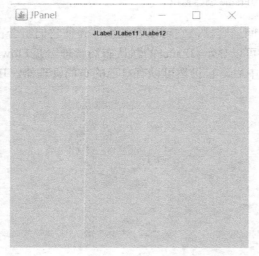

图 4-3 JPanel 容器

图 4-4 JScrollPane 容器

程序中首先创建了 JFrame 类的窗体对象 f，设置窗体标题为 JPanel，然后创建 JPanel 面板对象 p，又创建了 3 个 JLabel 标签对象 label、label1、label2，再分别将 3 个标签添加到 panel 面板 p 上，并设置面板的背景颜色是 Color.CYAN，将 panel 面板 p 添加到窗体 f 上。最后设置窗体大小和位置，并设置窗体可见。

③ JScrollPane。当一个容器内放置了许多组件，而容器的显示区域不足以同时显示所有组件时，如果让容器带滚动条，通过移动滚动条的滑块，容器中位置上的组件就能看到。滚动面板 JScrollPane 能实现这样的要求，它是带有滚动条的面板。JScrollPane 是 Container 类的子类，也是一种容器，但是只能添加一个组件。JScrollPane 的一般用法是先将一些组件添加到一个 JPanel 中，再把这个 JPanel 添加到 JScrollPane 中。这样，从界面上看，在滚动面板上好像也有多个组件。在 Swing 中，像 JTextArea、JList、JTable 等组件都没有自带滚动条，都需要将它们放置于滚动面板，利用滚动面板的滚动条，浏览组件中的内容。JScrollPane 类的构造方法有：JScrollPane()，先创建 JScrollPane 对象，再用方法 setViewportView（Component com）为滚动面板对象放置组件对象。

JScrollPane（Component com）创建 JScrollPane 对象，参数 com 是要放置于 JScrollPane 对象的组件对象。为 JScrollPane 对象指定了显示对象之后，再用 add()方法将 JScrollPane 对象放置于窗口中。

【例 4.18】 JScrollPane 类的使用。

```java
import javax.swing.*;
import java.awt.event.*;
public class TestPane{
    TestPane(){
        JFrame f=new JFrame("TestDialog");
        JScrollPane sp= new JScrollPane();
        JTextArea ta=new JTextArea(10,50);
        sp.getViewport().setView(ta);
        f.getContentPane().add(sp);
        f.setSize(200,200);
        f.setVisible(true);
        f.addWindowListener(new WindowAdapter(){
            public void windowClosing(WindowEvent e){
                System.exit(0);
            }
        });
    }
    public static void main(String[] args){
        new TestPane();
    }
}
```

编译运行程序，结果如图 4-4 所示。

记一记：

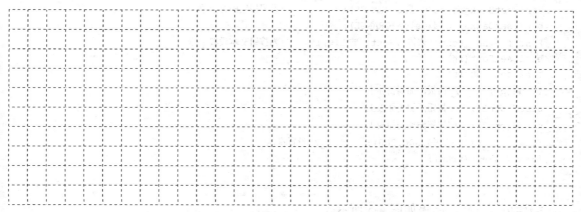

4.1.2.6 图形组件

Java 程序设计中 Swing 包的图形界面组件有按钮、单选按钮、复选框、标签、单行文本框、密码文本框、多行文本框、普通菜单、弹出菜单、组合框、列表框等。

(1) 按钮 JButton

按钮是图形界面中最常见的组件。在 Java 语言中 JButton 类是按钮类,在按下按钮时生成一个事件。JButton 类的常用构造及应用方法如下。

① 创建空按钮。

public JButton()

② 创建一个带文本的按钮。

public JButton(String text)

text:按钮的文本内容。

③ 创建一个带图标的按钮。

public JButton(Icon icon)
setIcon(Icon icon)

icon:按钮的图标。

④ 创建一个带文本、带图标的按钮。

public JButton(String text,Icon icon)

【例 4.19】JButton 类按钮的使用。

```java
import java.awt.Color;
import java.awt.Font;
import javax.Swing.*;
public class TestJButton{
public static void main(String[] args){
JFrame f=new JFrame();
f.setTitle("JButton");
f.setLayout(null);
JPanel p=new JPanel();
p.setBounds(50,50,300,300);
JButton btn1=new JButton("确定");          //创建按钮
JButton btn2=new JButton("取消");
btn1.setBackground(Color.ORANGE);           //设置按钮的背景色
btn2.setBackground(Color.ORANGE);
Font fn= new Font("宋体",Font.ITALIC,15); //为按钮文本设置字体
btn1.setFont(fn);
btn2.setFont(fn);
f.add(p);        //面板添加到窗体上
p.add(btn1);     //按钮添加到面板上
p.add(btn2);     //按钮添加到面板上
f.setBounds(400,150,300,300);               //设置窗体
f.setVisible(true);
    }
}
```

编译运行程序,结果如图 4-5 所示。

例 4.19 中,创建 JFrame 窗体对象 f,创建 JPanel 面板对象 p,并设置了面板的位置和大小。创建 2 个 JButton 类对象,分别是 btn1 和 btn2,按钮上文本内容分别是"确定"和"取消",设置了按钮的背景色是橘黄色。创建 Font 字体对象 fn,设置字体是宋体、斜体,大小是 15 磅。将按钮字体设置为对象 fn 的内容。设置窗体 f 的布局管理器是 null,将容器

面板 p 添加到窗体 f 上，再将 2 个按钮添加到面板 p 上。最后设置窗体的位置和大小以及窗体可见。

图 4-5　JButton 按钮类的使用

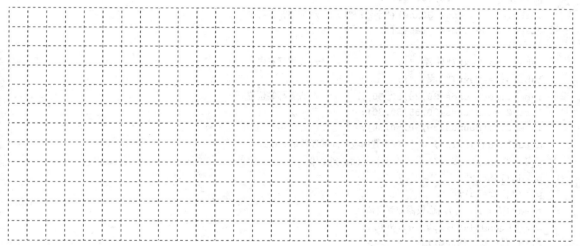

（2）标签 JLabel

标签主要用于展示文本或图片，也可以同时显示文本和图片。它是 JLabel 类的对象。JLabel 类的常用构造方法及应用方法如下。

① 创建空标签。
```
public JLabel()
```
② 创建一个带文本的标签。
```
public JLabel(String text)
setText(String text)
```
text：标签的文本内容。

③ 创建一个带图标的标签。
```
public JLabel(Icon icon)
setIcon(Icon icon)
```
icon：标签的图标。

④ 创建带文本的标签,并指定字符串对齐方式。
JLabel(String text,int align)

align:字符串对齐方式,其值有 3 个:Label.LEFT(左对齐),Label.RIGHT(右对齐),Label.CENTER(居中对齐)。

⑤ 获取标签的内容。
getText()

⑥ 设置标签的大小和位置。
setBounds(int x,int y,int width,int height)

【例 4.20】JLabel 标签的使用。

```java
import javax.swing.*;
public class TestJLabel{
public static void main(String[] args){
JFrame f=new JFrame();
f.setTitle("JLabel");
JPanel p=new JPanel();
p.setBounds(50,50,200,200);
JLabel label1=new JLabel("学号:");     //创建标签对象
JLabel label2=new JLabel();
JLabel label3=new JLabel();
label2.setText("姓名:");              //设置标签内容
label3.setText("年龄:");
label1.setBounds(30,20,50,30);        //设置标签位置
label2.setBounds(30,55,50,30);
label3.setBounds(30,90,50,30);
p.setLayout(null);    //设置面板布局管理器是null
p.add(label1);        //将标签添加到窗体
p.add(label2);
p.add(label3);
f.add(p);       //将面板添加到窗体上
f.setBounds(400,150,300,300);
f.setVisible(true);
    }
}
```

编译运行程序,结果如图 4-6 所示。

图 4-6　JLabel 标签的使用

记一记：

（3）复选框 JCheckBox

复选框有选中和未选中两种状态，并且可以同时选定多个复选框。Swing 中使用 JCheckBox 类实现复选框，该类的常用构造方法及应用方法如下。

① 创建一个默认的复选框，在默认情况下既未指定文本，也未指定图像，并且未被选择。

```
public JCheckBox()
```

② 创建一个指定文本的复选框。

```
JCheckBox(String text)
setText(String text)
```

text：复选框的文本内容。

③ 创建一个指定文本和选择状态的复选框。

```
JCheckBox(String text,boolean selected)
isSelected()      //检查当前复选框是否被选中
```

【例 4.21】JCheckBox 复选框的使用。

```
import javax.swing.*;
public class TestJCheckBox {
public static void main(String[]args){
JFrame f=new JFrame();
f.setTitle("JCheckBox");
JPanel p=new JPanel();
p.setLayout(null);
JLabel label=new JLabel("文件/文件夹选项：");
label.setBounds(20,30,80,30);
JCheckBox box1= new JCheckBox();//创建复选框 box1 对象
box1.setText("只读");    //设置复选框内容文本为"只读"
box1.setBounds(35,65,80,30);//设置复选框的大小和位置
JCheckBox box2=new JCheckBox("存档",true);   //创建带内容并且初始状态被选中的复选框
box2.setBounds(120,65,80,30);
```

```
JCheckBox box3=new JCheckBox();
box3.setText("隐藏");
box3.setBounds(205,65,80,30);
p.add(label);
p.add(box1);
p.add(box2);
p.add(box3);
f.add(p);
f.setBounds(400,150,300,300);
f.setVisible(true);
    }
}
```

编译运行程序,结果如图 4-7 所示。

图 4-7　JCheckBox 复选框

📝 记一记:

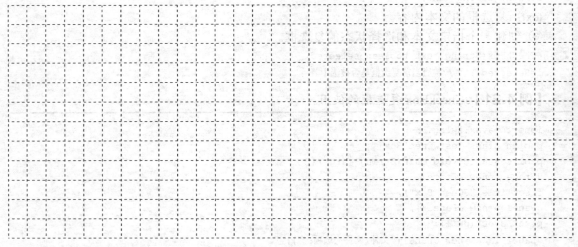

（4）单选按钮 JRadioButton

单选按钮与复选框类似,都有两种状态,不同的是一组单选按钮中只能有一个处于选中状态。Swing 中 JRadioButton 类实现单选按钮,它与 JCheckBox 一样都是从 JToggleButton 类派生出来的。JRadioButton 通常位于一个 ButtonGroup 按钮组中,不在按钮组中的 JRadioButton 也就失去了单选按钮的意义。

在同一个 ButtonGroup 按钮组中的单选按钮，只能有一个单选按钮被选中。因此，如果创建的多个单选按钮其初始状态都是选中状态，则最先加入 ButtonGroup 按钮组的单选按钮的选中状态被保留，其后加入到 ButtonGroup 按钮组中的其他单选按钮的选中状态被取消。JRadioButton 类的常用构造方法及应用方法如下。

① 创建一个初始化为未选中的单选按钮，其文本未设定。
```
public JRadioButton()
```
② 创建一个初始化为未选择的单选按钮，其具有指定的图像但无文本。
```
public JRadioButton(Icon icon)
```
③ 创建一个具有指定图像和选择状态的单选按钮，但无文本。
```
public JRadioButton(Icon icon,boolean selected)
```
④ 创建一个具有指定文本的状态为未选中的单选按钮。
```
public JRadioButton(String text)
```
⑤ 创建一个具有指定文本和选择状态的单选按钮。
```
public JRadioButton(String text,boolean selected)
setSelected(boolean b)    //设置单选按钮是否被选中，true 或者 false
isSelected()     //检查当前单选按钮是否被选中
```
⑥ 创建一个具有指定的文本和图像并初始化为未选择的单选按钮。
```
public JRadioButton(String text,Icon icon)
```
⑦ 创建一个具有指定的文本、图像和选择状态的单选按钮。
```
public JRadioButton(String text,Icon icon,boolean selected)
```

【例 4.22】单选按钮 JRadioButton 的使用。

```java
import java.awt.Font;
import javax.swing.ButtonGroup;
import javax.swing.JFrame;
import javax.swing.JLabel;
import javax.swing.JPanel;
import javax.swing.JRadioButton;
public class TestJRadioButton{
    public static void main(String[] agrs) {
        JFrame f=new JFrame("Java 单选组件示例"); //创建 Frame 窗口
        JPanel p=new JPanel();     //创建面板
        JLabel label1=new JLabel("现在是哪个季节：");
        JRadioButton rb1=new JRadioButton("春天");//创建 JRadioButton 对象
        JRadioButton rb2=new JRadioButton("夏天"); //创建 JRadioButton 对象
        JRadioButton rb3=new JRadioButton("秋天",true); //创建 JRadioButton 对象
        JRadioButton rb4=new JRadioButton("冬天"); //创建 JRadioButton 对象
        label1.setFont(new Font("楷体",Font.BOLD,16)); //修改字体样式
        ButtonGroup group=new ButtonGroup();//添加 JRadioButton 到 ButtonGroup 中
        group.add(rb1);
        group.add(rb2);
        p.add(label1);
        p.add(rb1);
        p.add(rb2);
        p.add(rb3);
```

```
        p.add(rb4);
        f.add(p);
        f.setBounds(300, 200, 400, 100);
        f.setVisible(true);
        f.setDefaultCloseOperation(JFrame.EXIT_ON_CLOSE);
    }
}
```

编译运行程序，结果如图4-8所示。

图4-8　JRadioButton 单选按钮

📝 记一记：

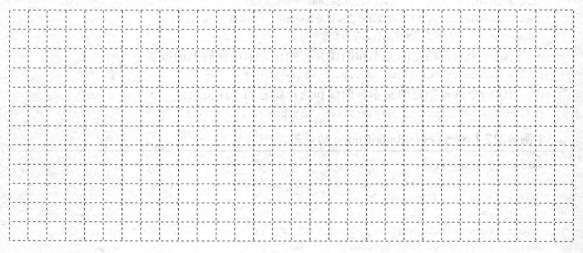

（5）单行文本框 JTextField

单行文本框是用来读取输入和显示一行信息的组件，单行文本框是 JTextField 类的对象。JTextField 类的常用构造方法及应用方法如下。

① 创建一个单行文本框。

`public JTextField()`

② 创建一个指定宽度的单行文本框。

```
public JTextField(int columns)
setColumns(int columns)      //设置文本框的宽度
get Columns()                //获取文本框的宽度
```

columns：指定文本框宽度（列数）。

③ 创建显示指定文本内容的单行文本框。

```
public JTextField(String text)
setText(String text)         //设置单行文本框要显示的内容
```

④ 创建一个指定宽度并显示指定字符串的单行文本框。

`public JTextField(String text,int columns)`

【例 4.23】JTextField 单行文本框的使用。

```java
import java.awt.Font;
import javax.swing.JFrame;
import javax.swing.JPanel;
import javax.swing.JTextField;
public class TestJTextField{
    public static void main(String[] agrs) {
        JFrame f=new JFrame("Java 文本框组件示例");
        JPanel p=new JPanel();
        JTextField txtfield1=new JTextField();    //创建文本框
        txtfield1.setText("普通文本框");      //设置文本框的内容
        JTextField txtfield2=new JTextField(28);
        txtfield2.setFont(new Font("楷体",Font.BOLD,16)); //修改字体样式
        txtfield2.setText("指定长度和字体的文本框");
        JTextField txtfield3=new JTextField(30);
        txtfield3.setText("居中对齐");
        txtfield3.setHorizontalAlignment(JTextField.CENTER);    //居中对齐
        p.add(txtfield1);
        p.add(txtfield2);
        p.add(txtfield3);
        f.add(p);
        f.setBounds(300,200,400,100);
        f.setVisible(true);
        f.setDefaultCloseOperation(JFrame.EXIT_ON_CLOSE);
    }
}
```

编译运行程序，结果如图 4-9 所示。

图 4-9　JTextField 单行文本框

📝 记一记：

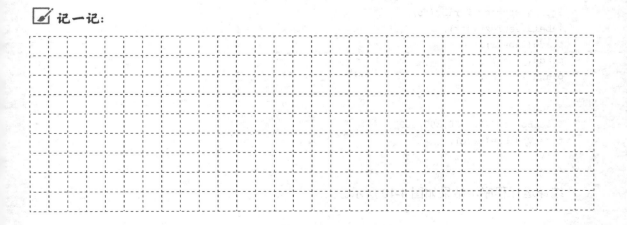

(6) 密码文本框 JPasswordField

密码文本框是专门用来输入密码的，为了输入内容的安全一般不显示原始字符内容，呈现为一种字符，一般默认为"*"，也可以通过类提供的方法进行修改。密码文本框是 JPasswordField 类的对象，JPasswordField 的常用构造及应用方法如下。

① 创建空的 JPasswordField。

```
public JPasswordField()
setEchoChar(char c)    //设置密码文本框的回显字符
getPassword()          //获取密码文本框中的内容
```

② 创建一个指定列数的 JPasswordField。

```
public JPasswordField(int columns)
```

③ 创建一个指定文本的 JPasswordField。

```
public JPasswordField(String text)
setText(String text)    //设置密码文本框要显示的字符串
```

④ 创建一个指定文本和列的 JPasswordField。

```
public JPasswordField(String text,int columns)
```

【例 4.24】JPasswordField 密码文本框的使用。

```java
import javax.swing.*;
public class TestJPasswordField{
public static void main(String[] args){
JFrame f=new JFrame();
f.setTitle("JPasswordField");
f.setLayout(null);
JPanel p=new JPanel();
p.setBounds(20,30,180,100);
JLabel label1=new JLabel("密码:");
JPasswordField pass=new JPasswordField("password");// 创建密码文本框对象,指定文本内容为"password"
pass.setColumns(8);
JLabel label2=new JLabel("显示密码:");
JLabel label3=new JLabel();
char[] cs=pass.getPassword();//获取密码文本框中的内容
String str=new String(cs);
label3.setText(str);
p.add(label1);
p.add(pass);
p.add(label2);
p.add(label3);
f.add(p);
f.setBounds(400,150,300,300);
f.setVisible(true);
    }
  }
```

编译运行程序，结果如图 4-10 所示。

图 4-10 JPasswordField 密码文本框

📝 记一记：

（7）文本域 JTextArea

文本域与单行文本框的主要区别是文本域用来接收用户输入的多行文本信息，文本域是 JTextArea 类的对象。JTextArea 类的常用构造及应用方法如下。

① 创建默认的 JTextArea。

`public JTextArea()`

② 创建具有指定行数和列数的 JTextArea。

```
public JTextArea(int rows,int columns)
setRows(int rows)          //设置文本域的行数
get Rows()                 //获取文本域的行数
setColumns(int columns)    //设置文本域的列数
getColumns()               //获取文本域的列数
```

③ 创建显示指定文本的 JTextArea。

```
public JTextArea(String text)
append(String text)              //将字符串 text 添加到文本域的最后位置
insert(String text,int position) //插入指定的字符串到文本域的指定位置
```

④ 创建具有指定文本，而且包含指定行数和列数的 JTextArea。

`public JTextArea(String text,int rows,int columns)`

【例 4.25】文本域 JTextArea 的使用。

```
import java.awt.Color;
import java.awt.Dimension;
import java.awt.Font;
```

```java
import javax.swing.JFrame;
import javax.swing.JPanel;
import javax.swing.JScrollPane;
import javax.swing.JTextArea;
public class TestJTextArea{
    public static void main(String[] agrs) {
        JFrame f=new JFrame("Java 文本域组件示例");
        JPanel p=new JPanel();
        JTextArea jta=new JTextArea("请输入内容",7,30);
        jta.setLineWrap(true);                              //设置文本域中的文本为自动换行
        jta.setForeground(Color.BLACK);                     //设置组件的背景色
        jta.setFont(new Font("楷体",Font.BOLD,16));         //修改字体样式
        jta.setBackground(Color.YELLOW);                    //设置按钮背景色
        JScrollPane jsp=new JScrollPane(jta);               //将文本域放入滚动窗口
        Dimension size=jta.getPreferredSize();              //获得文本域的首选大小
        jsp.setBounds(110,90,size.width,size.height);
        p.add(jsp);      //将 JScrollPane 添加到 JPanel 容器中
        f.add(p);        //将 JPanel 容器添加到 JFrame 容器中
        f.setBackground(Color.LIGHT_GRAY);
        f.setSize(400,200);    //设置 JFrame 容器的大小
        f.setVisible(true);
    }
}
```

编译运行程序,在文本域中可以输入多行内容,当内容超出文本域高度时会显示滚动条,结果如图 4-11 所示。

图 4-11　JTextArea 文本域

记一记:

（8）下拉列表 JComboBox

下拉列表是将多个选项折叠在一起，只显示最前面的或被选中的一个。选择时需要单击下拉列表右边的下三角按钮，这时候会弹出包含所有选项的列表。用户可以在列表中进行选择，也可以根据需要直接输入所要的选项，还可以输入选项中没有的内容。下拉列表由 JComboBox 类实现，常用构造方法及应用方法如下。

① 创建一个空的 JComboBox 对象。
`public JComboBox()`

② 创建一个 JComboBox，其选项取自现有的 ComboBoxModel。
`public JComboBox(ComboBoxModel aModel)`

③ 创建包含指定数组中元素的 JComboBox。
`public JComboBox(Object[] items)`

④ 将指定的对象作为选项添加到下拉列表框中。
`addItem(Object anObject)`

⑤ 在下拉列表框中的指定索引处插入项。
`insertItemAt(Object anObject,int index)`

⑥ 在下拉列表框中删除指定的对象项。
`removeItem(Object anObject)`

⑦ 在下拉列表框中删除指定位置的对象项。
`removeItemAt(int anIndex)`

⑧ 从下拉列表框中删除所有项。
`removeAllItems()`

⑨ 返回下拉列表框中的项数。
`getItemCount()`

⑩ 获取指定索引的列表项，索引从 0 开始。
`getItemAt(int index)`

⑪ 获取当前选择的索引。
`getSelectedIndex()`

⑫ 获取当前选择的项。
`getSelectedItem()`

【例 4.26】JComboBox 下拉列表框的使用。

```
import javax.swing.JComboBox;
import javax.swing.JFrame;
import javax.swing.JLabel;
import javax.swing.JPanel;
public class TestJComboBox{
    public static void main(String[] args){
        JFrame f=new JFrame("Java 下拉列表组件示例");
        JPanel p=new JPanel();
        JLabel label1=new JLabel("身份面貌：");
        JComboBox cmb=new JComboBox();      //创建 JComboBox
        cmb.addItem("--请选择--");            //向下拉列表中添加一项
        cmb.addItem("党员");
```

```
            cmb.addItem("团员");
            cmb.addItem("群众");
            p.add(label1);
            p.add(cmb);
            f.add(jp);
            f.setBounds(300,200,400,100);
            f.setVisible(true);
            f.setDefaultCloseOperation(JFrame.EXIT_ON_CLOSE);
    }
}
```

编译运行程序，结果如图 4-12 所示。

图 4-12　JComboBox 下列列表框

记一记：

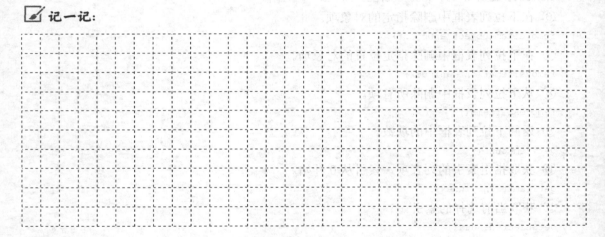

（9）列表框 JList

列表框与下拉列表的区别不仅仅表现在外观上，当激活下拉列表时，会出现下拉列表框中的内容。但列表框只是在窗体系上占据固定的大小，如果需要列表框具有滚动效果，可以将列表框放到滚动面板中。当用户选择列表框中的某一项时，按住"Shift"键并选择列表框中的其他项目，可以连续选择两个选项之间的所有项目，也可以按住"Ctrl"键选择多个项目。JList 类表示列表框，该类的常用构造方法如下。

① 构造一个空的只读模型的列表框。

`public JList()`

② 根据指定的非 null 模型对象构造一个显示元素的列表框。

`public JList(ListModel dataModel)`

③ 使用 listData 指定的元素构造一个列表框。

`public JList(Object[] listData)`

④ 使用 listData 指定的元素构造一个列表框。

`public JList(Vector<?> listData)`

【例 4.27】JList 列表框的使用。

```java
import javax.swing.JFrame;
import javax.swing.JLabel;
import javax.swing.JList;
import javax.swing.JPanel;
public class TestJList{
    public static void main(String[] args)
    {
        JFrame f=new JFrame("Java 列表框组件示例");
        JPanel p=new JPanel();                      //创建面板
        JLabel label1=new JLabel("性别: ");         //创建标签
        String[] items=new String[]{"男","女"};
        JList list=new JList(items);                //创建JList
        p.add(label1);
        p.add(list);
        f.add(p);
        f.setBounds(300,200,400,200);
        f.setVisible(true);
        f.setDefaultCloseOperation(JFrame.EXIT_ON_CLOSE);
    }
}
```

编译运行程序，结果如图 4-13 所示。

图 4-13 JList 列表框

记一记：

4.1.2.7 布局管理器

在使用 Swing 向容器添加组件时，需要考虑组件的位置和大小。如果不使用布局管理器，则需要先在纸上画好各个组件的位置并计算组件间的距离，再向容器中添加。这样虽然能够灵活控制组件的位置，实现却非常麻烦。Java 语言程序设计中，为了加快开发速度，提供了一些布局管理器。每个容器都有一个布局管理器对象，通过调用容器的 setLayout()方法可以改变容器的布局管理器对象，从而改变容器中的组件位置与大小。

（1）边框布局管理器 BorderLayout

BorderLayout（边框布局管理器）是 Window、JFrame 和 JDialog 的默认布局管理器。边框布局管理器将窗口分为 5 个区域：North、South、East、West 和 Center。其中，North 表示北，将占据面板的上方；South 表示南，将占据面板的下方；East 表示东，将占据面板的右侧；West 表示西，将占据面板的左侧；中间区域 Center 是在东、南、西、北都填满后剩下的区域，如图 4-14 所示。

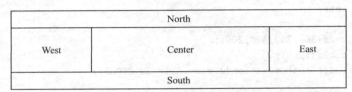

图 4-14　边框布局管理器区域划分示意图

边框布局管理器并不要求所有区域都必须有组件，如果四周的区域（North、South、East 和 West 区域）没有组件，则由 Center 区域去补充。如果单个区域中添加的不只一个组件，那么后来添加的组件将覆盖原来的组件，所以，区域中只显示最后添加的一个组件。如果不指定组件加入的区域，则默认被加入到 Center 区域。BorderLayout 布局管理器的构造方法如下所示。

① 创建一个 BorderLayout 布局，组件之间没有间隙。

`BorderLayout()`

② 创建一个具有指定组件间距的 BorderLayout 布局。

`BorderLayout(int hgap,int vgap)`

hgap：组件之间的水平间距（单位：像素）。

vgap：组件之间的垂直间距（单位：像素）。

【例 4.28】使用 BorderLayout 布局设计 5 个区域的窗口，并添加界面组件。

```java
import javax.swing.JButton;
import javax.swing.JFrame;
import javax.swing.JLabel;
import javax.swing.JPanel;
import java.awt.*;
public class TestBorderLayout{
    public static void main(String[] agrs){
        JFrame frame=new JFrame("边框布局管理示例");
        frame.setLayout(new BorderLayout());     //为 Frame 窗口设置布局为 BorderLayout
        JButton button1=new JButton("上");
        JButton button2=new JButton("左");
        JButton button3=new JButton("中");
```

```
        JButton button4=new JButton("右");
        JButton button5=new JButton("下");
        frame.add(button1,BorderLayout.NORTH);   //该语句取消后,将会由其他区域占据
        frame.add(button2,BorderLayout.WEST);    //该语句取消后,将会由其他区域占据
        frame.add(button3,BorderLayout.CENTER);
        frame.add(button4,BorderLayout.EAST);    //该语句取消后,将会由其他区域占据
        frame.add(button5,BorderLayout.SOUTH);   //该语句取消后,将会由其他区域占据
        frame.setBounds(300,200,600,300);
        frame.setVisible(true);
        frame.setDefaultCloseOperation(JFrame.EXIT_ON_CLOSE);
    }
}
```

编译运行程序,结果如图 4-15 所示。如果没有指定管理器的组件添加区域(南、北、西、东、中央区域除外),将由其他区域占据,如图 4-16 所示。

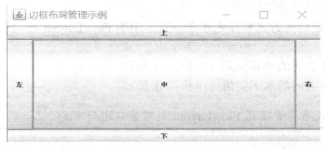

图 4-15 边框布局管理添加组件

图 4-16 边框布局管理缺少 South 添加组件

记一记:

（2）流式布局管理器 FlowLayout

FlowLayout（流式布局管理器）是 JPanel 和 JApplet 的默认布局管理器。FlowLayout 布局管理器对组件逐行定位（由上到下、由左至右），一行排满后换行。FlowLayout 布局管理器不改变组件的大小，按照组件原有尺寸显示组件，可以设置组件之间的间距、行距以及对齐方式。FlowLayout 布局管理器默认的对齐方式是居中。FlowLayout 布局管理器的构造方法如下。

① 创建一个 FlowLayout 布局管理器，使用默认的对齐方式（居中）和默认水平、垂直间隔（5 像素）。

```
FlowLayout()
```

② 创建一个指定对齐方式的 FlowLayout 布局管理器，默认水平、垂直间隔（5 像素）。

```
FlowLayout(int align)
```

align：指定的对齐方式，FlowLayout.LEFT 表示左对齐、FlowLayout.RIGHT 表示右对齐、FlowLayout.CENTER 表示居中对齐。

③ 创建一个指定对齐方式和指定水平垂直间距的 FlowLayout 布局管理器。

```
FlowLayout(int align, int hgap,int vgap)
```

vgap：指定组件之间的垂直间隔（单位：像素）。
hgap：指定组件之间的水平间隔（单位：像素）。

【例 4.29】 流式布局管理器 FlowLayout 类对窗口进行布局。

```java
import javax.swing.JButton;
import javax.swing.JFrame;
import javax.swing.JLabel;
import javax.swing.JPanel;
import java.awt.*;
public class TestFlowLayout{
    public static void main(String[] agrs){
        JFrame JFrame=new JFrame("流式布局管理器FlowLayout");
        JPanel JPanel=new JPanel();
        JButton btn1=new JButton("1");
        JButton btn2=new JButton("2");
        JButton btn3=new JButton("3");
        JButton btn4=new JButton("4");
        JButton btn5=new JButton("5");
        JButton btn6=new JButton("6");
        JButton btn7=new JButton("7");
        JButton btn8=new JButton("8");
        JButton btn9=new JButton("9");
        JButton btn10=new JButton("0");
        JPanel.add(btn1);
        JPanel.add(btn2);
        JPanel.add(btn3);
        JPanel.add(btn4);
        JPanel.add(btn5);
        JPanel.add(btn6);
        JPanel.add(btn7);
        JPanel.add(btn8);
```

```
        JPanel.add(btn9);
        JPanel.add(btn10);
        JPanel.setLayout(new FlowLayout(FlowLayout.LEADING,20,20));
        //向 JPanel 添加 FlowLayout 布局管理器，将组件间的横向和纵向间隙都设置为 20 像素。FlowLayout.
LEADING 指示每一行组件都应该与容器方向的开始边对齐，可以测试 FlowLayout.LEFT、FlowLayout.CENTER、
FlowLayout.RIGHT
        JPanel.setBackground(Color.white);      //设置背景色
        JFrame.add(jPanel);      //添加面板到容器
        JFrame.setBounds(300,200,250,300);      //设置容器的大小
        JFrame.setVisible(true);
        JFrame.setDefaultCloseOperation(JFrame.EXIT_ON_CLOSE);
    }
}
```

编译运行程序，结果如图 4-17 所示。改变窗口大小时，按钮会随着窗口的改变而按照设置的间距（20 像素）依顺序自动排列。

图 4-17　FlowLayout 布局管理添加组件

📝 记一记：

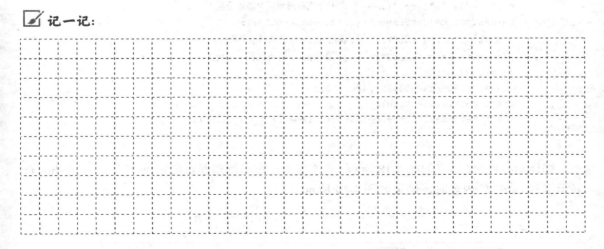

（3）卡片布局管理器 CardLayout

CardLayout（卡片布局管理器）能够让多个组件共享同一个显示空间，是一个容器的布局管理器。共享空间的组件可以分为多层叠在一起，每层只允许放一个组件。CardLayout 的构造方法如下：

① 创建一个间隔为 0 的卡片布局管理器。
```
CardLayout()
```
② 创建一个指定水平、垂直间隔距离的卡片布局管理器（单位：像素）。
```
CardLayout(int hgap, int vgap)
```
vgap：指定组件之间的垂直间隔。
hgap：指定组件之间的水平间隔。

【例 4.30】卡片布局管理器 CardLayout 添加组件。

```java
import javax.swing.JButton;
import javax.swing.JFrame;
import javax.swing.JLabel;
import javax.swing.JPanel;
import javax.swing.JTextField;
import java.awt.*;
public class TestCardLayout{
    public static void main(String[] agrs){
        JFrame frame=new JFrame("卡片布局管理器CardLayout");
        JPanel p1=new JPanel();      //面板1
        JPanel p2=new JPanel();      //面板2
        JPanel cards=new JPanel(new CardLayout());   //卡片式布局的面板
        p1.add(new JButton("登录按钮"));
        p1.add(new JButton("注册按钮"));
        p1.add(new JButton("找回密码按钮"));
        p2.add(new JTextField("用户名文本框",20));
        p2.add(new JTextField("密码文本框",20));
        p2.add(new JTextField("验证码文本框",20));
        cards.add(p1,"card1");    //向卡片式布局面板中添加面板1
        cards.add(p2,"card2");    //向卡片式布局面板中添加面板2
        CardLayout c=(CardLayout)(cards.getLayout());
        c.show(cards,"card1");    //调用show()方法显示面板1
        //c.show(cards,"card2");    //调用show()方法显示面板2
        frame.add(cards);
        frame.setBounds(300,200,400,200);
        frame.setVisible(true);
        frame.setDefaultCloseOperation(JFrame.EXIT_ON_CLOSE);
    }
}
```

编译运行程序，结果如图 4-18 所示。当改变卡片布局管理器对象 c，使其显示方法 show() 显示卡片 card2 的内容时，结果如图 4-19 所示。

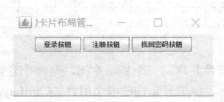 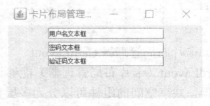

图 4-18　卡片布局管理器显示 card1　　　　图 4-19　卡片布局管理器显示 card2

记一记：

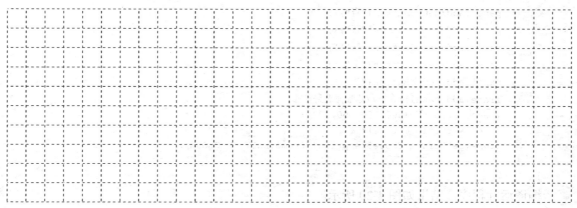

（4）网格布局管理器 GridLayout

GridLayout（网格布局管理器）将区域分割成行数（rows）和列数（columns）的网格状布局，组件按照由左至右、由上而下的次序排列填充到各个单元格中。GridLayout 的构造方法如下。

① 创建一个默认设置的网格布局管理器（一行一列）。
`GridLayout()`

② 创建一个指定行数、列数的网格布局管理器，组件间无间隔。
`GridLayout(int rows,int cols)`
rows：指定的行数。
cols：指定的列数。

③ 创建一个指定行数、列数并指定组件间隔的网格布局管理器。
`GridLayout(int rows,int cols,int hgap,int vgap)`
hgap：指定组件间的水平间隔。
vgap：指定组件间的垂直间隔。

【例 4.31】 网格布局管理器 GridLayout 添加图形组件。

```
import javax.swing.JButton;
import javax.swing.JFrame;
import javax.swing.JLabel;
import javax.swing.JPanel;
import javax.swing.JTextField;
import java.awt.*;
public class TestGridLayout{
    public static void main(String[] args){
        JFrame frame=new JFrame("网格布局管理器 GridLayout");
        JPanel panel=new JPanel();    //创建面板
        //指定面板的布局为 GridLayout，4 行 4 列，间隙为 5
        panel.setLayout(new GridLayout(3,3,5,5));
        panel.add(new JButton("赤"));    //添加按钮
        panel.add(new JButton("橙"));
```

```
        panel.add(new JButton("黄"));
        panel.add(new JButton("绿"));
        panel.add(new JButton("青"));
        panel.add(new JButton("蓝"));
        panel.add(new JButton("紫"));
        panel.add(new JButton("金"));
        panel.add(new JButton("银"));
        frame.add(panel);           //添加面板到容器
        frame.setBounds(300,200,300,300);
        frame.setVisible(true);
        frame.setDefaultCloseOperation(JFrame.EXIT_ON_CLOSE);
    }
}
```

编译运行程序，结果如图 4-20 所示。

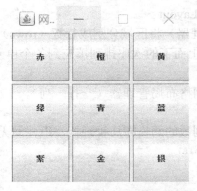

图 4-20　GridLayout 网格布局管理组件添加

📝 记一记：

（5）网格包布局管理器 GridBagLayout

GridBagLayout（网格包布局管理器）是在网格基础上提供复杂的布局。GridBagLayout 不需要组件的尺寸一致，允许组件扩展到多行多列。每个 GridBagLayout 对象都维护了一组动态的矩形网格单元，每个组件占一个或多个单元，所占有的网格单元称为组件的显示区域。

其布局特点被认为是最灵活、最复杂的布局管理器。

GridBagLayout 所管理的每个组件都与一个 GridBagConstraints 约束类的对象相关。这个约束类对象指定了组件的显示区域在网格中的位置，以及在其显示区域中应该如何摆放组件。除了组件的约束对象，GridBagLayout 还要考虑每个组件的最小和首选尺寸，以确定组件的大小。

网格包布局管理器为了有效地向容器中添加组件，要为组件定制相关的约束对象，对象的定制是通过下列变量来实现的。

① gridx 和 gridy。用来指定组件左上角在网格中的行和列。容器中最左边列的 gridx 为 0，最上边行的 gridy 为 0。这两个变量的默认值是 GridBagConstraints.RELATIVE，表示对应的组件将放在前一个组件的右边或下面。

② gridwidth 和 gridheight。用来指定组件显示区域所占的列数和行数，以网格单元而不是像素为单位，默认值为 1。

③ fill。指定组件填充网格的方式：GridBagConstraints.NONE（默认值）、GridBagConstraints.HORIZONTAL（组件横向充满显示区域，但是不改变组件高度）、GridBagConstraints.VERTICAL（组件纵向充满显示区域，但是不改变组件宽度）以及 GridBagConstraints.BOTH（组件横向、纵向充满其显示区域）。

④ ipadx 和 ipady。指定组件显示区域的内部填充，即在组件最小尺寸之外需要附加的像素数，默认值为 0。

⑤ insets。指定组件显示区域的外部填充，即组件与其显示区域边缘之间的空间，默认组件没有外部填充。

⑥ anchor。指定组件在显示区域中的摆放位置。GridBagConstraints.CENTER（默认值），其他位置参数有 NORTH、NORTHEAST、EAST、SOUTH、SOUTHEAST、WEST、SOUTHWEST、NORTHWEST。

⑦ weightx 和 weighty。用来指定在容器大小改变时，增加或减少的空间如何在组件间分配，默认值为 0，即所有的组件将聚拢在容器的中心，多余的空间将放在容器边缘与网格单元之间。

【例 4.32】 GridBagLayout 网格包布局管理器添加图形组件。

```
import java.awt.Container;
import java.awt.GridBagConstraints;
import java.awt.GridBagLayout;
import java.awt.Insets;
import javax.swing.JButton;
import javax.swing.JFrame;
public class TestGridBag extends JFrame{
    private static final long serialVersionUID= 5558640733909970067L;
    public TestGridBag (){
        Container frameCon= getContentPane();//返回当前 JFrame 窗体的对象
        GridBagLayout gbLayout= new GridBagLayout();//创建网格组布局管理器对象
        frameCon.setLayout(gbLayout); //设置窗体的布局管理器
        JButton btn1=new JButton("A");//创建按钮
        GridBagConstraints gbc1=new GridBagConstraints();//创建使用 GridBagLayout 布置的组件
```
的约束类对象

```
gbc1.gridx=0;  //指定开始边的单元格，行第一个单元格是 gridx=0
gbc1.gridy=0;  //指定顶部的单元格，最上边单元格是 gridy=0
gbc1.weightx=10;  //指定额外空间的分布，将运行窗体缩放可以看到效果
gbc1.fill=GridBagConstraints.HORIZONTAL;  //加宽组件，使它在水平方向上填满其显示区域，但是不改变高度
frameCon.add(btn1,gbc1);  //调用添加组件以及其约束条件
JButton btn2=new JButton("B");
GridBagConstraints gbc2=new GridBagConstraints();
gbc2.gridx=1;  //指定开始边的单元格，行第二个单元格是 gridx=1
gbc2.gridy=0;
gbc2.insets=new Insets(0,5,0,0);
//insets:指定组件的外部填充，即组件与其显示区域边缘之间间距的最小量
//Insets 构造方法，分别指定顶部、左边、底部、右边大小
gbc2.weightx=20;
gbc2.fill=GridBagConstraints.HORIZONTAL;
frameCon.add(btn2,gbc2);
JButton btn3=new JButton("C");
GridBagConstraints gbc3=new GridBagConstraints();
gbc3.gridx=2;  //指定开始边的单元格，行第三个单元格是 gridx=2
gbc3.gridy=0;  //指定顶部的单元格，第一个单元格是 gridy=0
gbc3.gridheight=2;  //gridheight 占 2 格列单元格
gbc3.insets=new Insets(0,5,0,0);
gbc3.weightx=30;
gbc3.fill=GridBagConstraints.BOTH;
frameCon.add(btn3,gbc3);
JButton btn4=new JButton("D");
GridBagConstraints gbc4=new GridBagConstraints();
gbc4.gridx=3;  //指定开始边的单元格，行第四个单元格是 gridx=3
gbc4.gridy=0;  //指定顶部的单元格，第一个单元格是 gridy=0
gbc4.gridheight=3;  //gridheight 占 3 格列单元格

gbc4.insets=new Insets(0,5,0,);
gbc4.weightx=40;
gbc4.fill=GridBagConstraints.VERTICAL;
frameCon.add(btn4,gbc4);
JButton btn5=new JButton("E");
GridBagConstraints gbc5=new GridBagConstraints();
gbc5.gridx=0;  //指定开始边的单元格，行第一个单元格是 gridx=0
gbc5.gridy=1;  //指定顶部的单元格，第一个单元格是 gridy=1
gbc5.gridwidth=2;  //gridwidth 占 2 个行单元格
gbc5.insets=new Insets(5,0,0,0);
gbc5.fill=GridBagConstraints.HORIZONTAL;
frameCon.add(btn5,gbc5);
JButton btn6=new JButton("F");
GridBagConstraints gbc6=new GridBagConstraints();
gbc6.gridx=0;  //指定开始边的单元格,第一个单元格是 gridy=0
gbc6.gridy=2;  //指定顶部的单元格,第三个单元格是 gridy=2
gbc6.gridwidth=3;
gbc6.insets=new Insets(5,0,0,0);
```

```
            gbc6.fill=GridBagConstraints.HORIZONTAL;
            frameCon.add(btn6,gbc6);
    }
    public static void main(String[]args){
        TestGridBag frame = new TestGridBag ();//创建网格组布局管理器对象
        frame.setTitle("网格组布局管理器");
        frame.setLocation(500,300);
        frame.setVisible(true);
        frame.setDefaultCloseOperation(JFrame. EXIT_ON_CLOSE);
        frame.pack();

    }
}
```

编译运行程序，结果如图 4-21 所示。

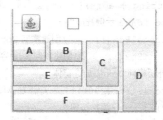

图 4-21　GridBagLayout 布局管理添加图形组件

📝 记一记：

（6）盒布局管理器 BoxLayout

BoxLayout（盒布局管理器）通常和 Box 容器联合使用，Box 类有以下两个静态方法。

① 返回一个 Box 对象，它采用水平 BoxLayout，即 BoxLayout 沿着水平方向放置组件，让组件在容器内从左到右排列。

createHorizontalBox()

② 返回一个 Box 对象，它采用垂直 BoxLayout，即 BoxLayout 沿着垂直方向放置组件，让组件在容器内从上到下进行排列。

createVerticalBox()

BoxLayout 类的构造方法是 BoxLayout(Container c,int axis)，Container 是一个容器对象，即该布局管理器在哪个容器中使用；第二个参数 axis，用来决定容器上的组件水平（X_AXIS）或垂直（Y_AXIS）放置，可以使用 BoxLayout 类访问这两个属性。

【例 4.33】 BoxLayout 盒式布局管理添加组件。

```java
import javax.swing.Box;
import javax.swing.JButton;
import javax.swing.JFrame;
import javax.swing.JLabel;
import javax.swing.JPanel;
import javax.swing.JTextField;
import java.awt.*;
public class TestBoxLayout{
    public static void main(String[] agrs){
        JFrame frame=new JFrame("Java 示例程序");
        Box b1=Box.createHorizontalBox();     //创建横向 Box 容器
        Box b2=Box.createVerticalBox();       //创建纵向 Box 容器
        frame.add(b1);    //将外层横向 Box 添加进窗体
        b1.add(Box.createVerticalStrut(200));     //添加高度为 200 的垂直框架
        b1.add(new JButton("A"));     //添加按钮 1
        b1.add(Box.createHorizontalStrut(140));    //添加长度为 140 的水平框架
        b1.add(new JButton("B"));     //添加按钮 2
        b1.add(Box.createHorizontalGlue());    //添加水平组件
        b1.add(b2);    //添加嵌套的纵向 Box 容器
        //添加宽度为 100，高度为 20 的固定区域
        b2.add(Box.createRigidArea(new Dimension(100,20)));
        b2.add(new JButton("C"));    //添加按钮 3
        b2.add(Box.createVerticalGlue());    //添加垂直组件
        b2.add(new JButton("D"));    //添加按钮 4
        b2.add(Box.createVerticalStrut(40));     //添加长度为 40 的垂直框架
        //设置窗口的关闭动作、标题、大小位置以及可见性等
        frame.setDefaultCloseOperation(JFrame.EXIT_ON_CLOSE);
        frame.setBounds(100,100,400,200);
        frame.setVisible(true);
    }
}
```

编译运行程序，结果如图 4-22 所示。

图 4-22 BoxLayout 布局管理组件添加

记一记：

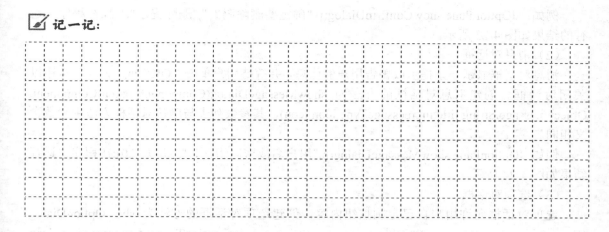

4.1.2.8 对话框

对话框通常用作从用户处接收附加信息，或者提供发生了某种事件的通知。Java 提供了 JOptionPane 类，用来创建标准对话框，也可以通过扩展 JDialog 类创建自定义的对话框。JOptionPane 类可以用来创建 4 种类型的标准对话框：确认对话框、消息对话框、输入对话框（前面已经做过介绍）和选项对话框。

（1）确认对话框

确认对话框显示消息，并等待用户单击"确定"按钮来取消对话框，该对话框不返回任何值。而确认对话框询问一个问题，需要用户单击合适的按钮做出响应。确认对话框返回对应被选按钮的值。通常使用 JOptionPane 类中的 showConfirmDialog()方法实现确认对话框的应用。一般格式为：

```
showConfirmDialog(Component parentComponent,Object message,String title,int optionType, int messageType,Icon icon)
```

parentComponent：任意一个组件或为空。

message：要提示的信息。

title：对话框的标题。

optionType：对话框中要显示的按钮，其值可以为：

0 或 JOptionPane.YES_OPTIION；

1 或 JOptionPane.NO_OPTIION；

2 或 JOptionPane.CANCEL_OPTIION；

0 或 JOptionPane.OK_OPTIION；

−1 或 JOptionPane.CLOSED_OPTIION。

messageType：对话框中默认使用的图标类型，其值可以为：

0 或 JOptionPane.ERROR_MESSAGE；

1 或 JOptionPane.INFORMATION_MESSAGE；

JOptionPane.PLAIN_MESSAGE；

2 或 JOptionPane.WARNING_MESSAGE；

3 或 JOptionPane.QUESTION_MESSAGE。

icon：自定义的图标。

例如：JOptionPane.showConfirmDialog(p,"确定要删除吗？","删除提示",1,2);在程序中运行的结果如图4-23所示。

（2）消息对话框

消息对话框显示一条提示或警告用户的信息，并等待用户单击"OK"或"确定"按钮以关闭对话框。创建消息对话框的方法为 showMessageDialog(Component parentComponent, Object message,String title,int messageType,Icon icon)，其参数列表与确认对话框方法中参数含义相同。

例如 JOptionPane.showMessageDialog(p,"用户名或密码错误！","错误 ",0);在程序中运行结果如图4-24所示。

（3）选项对话框

选项对话框允许用户自己定制按钮内容。创建选项对话框的方法为 showOptionDialog(Component parentComponent,Object message,String title,int optionType,int messageType,icon icon,Object[] options,Object initValue)，其中，使用 options 参数指定按钮，initValue 参数用于指定默认获得焦点的按钮。

例如在程序中执行下列语句，运行结果如图4-25所示。

```
JButton[] bs={new JButton("确定"),new JButton("取消"),new JButton("重置")};
JOptionPane.showOptionDialog(panel,"请选择其中的一项：","选择",1,3,null,bs,bs[0]);
```

图4-23 确认对话框

图4-24 消息对话框

图4-25 选项对话框

4.1.3 任务实施

4.1.3.1 任务要求

项目四要完成一个完整的带界面的 Java 项目，主要功能是实现一个可以进行四则运算练习的小软件，项目一共包括四个主要界面，分别为登录界面、主界面、设置界面、游戏界面。四个界面分别由 4 个类文件构成，即 Login.java、Game.java、SetGame.java、StartGame.java。

本次任务主要是要完成登录界面的设计，登录界面主要由两个 JLabel、两个 JTextField 和两个 JButton 组成。用户输入用户名和密码，按"确定"按钮后，系统进行用户名和密码的核对，如果正确则进入到项目的主窗体，如果不正确则提示用户重新输入。按"取消"按钮退出软件。如图4-26所示。

图4-26 用户登录界面

4.1.3.2 程序代码

该程序的具体代码如下：

```java
package javapackage;
import javax.swing.*;
import java.awt.*;
import java.awt.event.*;
public class Login extends JFrame implements ActionListener{
    JLabel jL1,jL2,jL3;
    JButton jB1,jB2;
    JTextField jT1;
    JPasswordField jP1;
    public Login() {
        super("用户登录");
        jL1=new JLabel("用户名：");
        jL1.setBounds(15, 5, 60, 20);
        jL2=new JLabel("密码：");
        jL2.setBounds(15, 25, 60, 20);
        jL3=new JLabel(" ");
        jL3.setBounds(35, 80, 60, 20);
        jT1=new JTextField("");
        jT1.setBounds(110,5,100,20);
        jP1=new JPasswordField("",20);
        jP1.setBounds(110,25,100,20);
        jB1=new JButton("确定");
        jB1.setBounds(35, 50, 60, 30);
        jB1.addActionListener(this);
        jB2=new JButton("取消");
        jB2.setBounds(130, 50, 60, 30);
        jB2.addActionListener(this);
        Container winContainer=this.getContentPane();
        winContainer.setLayout(null);
        winContainer.add(jL1);
        winContainer.add(jL2);
        winContainer.add(jL3);
        winContainer.add(jT1);
        winContainer.add(jP1);
        winContainer.add(jB1);
        winContainer.add(jB2);
        this.setSize(250,150);
        this.setLocation(300, 300);
        this.setVisible(true);

    }
    public static void main(String[] args) {
        // TODO Auto-generated method stub
        Login w1=new Login();

    }
```

```java
public void actionPerformed(ActionEvent e) {
    if(e.getSource()==jB1) {
        if(jT1.getText().equals("a")&&jP1.getText().equals("1")) {
            this.setVisible(false);
            new Game();//打开游戏主窗口
        }
        else
            jL3.setText("错误");
    }else if(e.getSource()==jB2)
        System.exit(0);
}
```

4.1.4 巩固提高

① 编写一个程序，把六个按钮分别标识为"A"～"F"，并排列成一行显示出来。

② 编写一个程序，用户界面如图 4-27 所示。

图 4-27 登录界面

4.1.5 课后习题

1. 与 AWT 相比，Swing 的按钮 JButton（   ）。
   A．只能显示文字　　　　　　　　　B．只能显示图标
   C．可以同时显示文字和图标　　　　D．不能同时显示文字和图标
2. 下列选项中默认布局管理器不是 BorderLayout 的是（   ）。
   A．Window　　　　B．Panel　　　　C．Frame　　　　D．Dialog
3. 下列描述中，错误的是（   ）。
   A．Swing 是由 Java 实现的轻量级组件
   B．Swing 没有本地代码
   C．Swing 比 AWT 组件具有更强的实用性
   D．Swing 依赖于具体的操作系统的支持
4. 派生出大多数 Swing 组件的类是（   ）。
   A．Applet　　　　B．Container　　　　C．Window　　　　D．JFrame
5. 下列关于 JFrame 的说法中，错误的是（   ）。
   A．public JFrame()构造方法创建了一个初始可见，没有标题的新窗体
   B．public JFrame(String title)构造方法创建了一个初始不可见，但有标题的新窗体

C. JFrame 窗体是一个容器，它是 Swing 程序中各个组件的载体
D. 继承 JFrame 类创建的窗体拥有最大化、最小化和关闭按钮
6. 下列程序运行后的结果如图 4-28 所示，则下划线处应填入的代码应是（   ）。

图 4-28 "布局管理器实例" 对话框

```
public class Test extends JFrame{
    String[] border = {_①_.CENTER,_①_.NORTH,_①_.SOUTH,_①_.WEST,_①_.EAST};
    public Test(){
        setTitle("布局管理器实例");
        Container c = getContentPane();
        setLayout(   ②   );
        for(int i=0;i<5;i++){
            c.add(border[i],new JButton("Button"+i));
        }
        setVisible(true);
    }
    public static void main(String[] args){
        new Test();
    }
}
```

A. BorderLayout，new BorderLayout()   B. FlowLayout，new FlowLayout()
C. GridLayout，new GridLayout()   D. Bounds，setBounds()
7. 在窗体所列出的影片中选择最喜爱的一部电影，应选用的 Swing 组件是（   ）。
A. JRadioButton   B. JCheckBox   C. JProgressBar   D. JLabel
8. 下列代码段执行后，可以进行的操作是（   ）。

```
JRadioButton jr1 = new JRadioButton("1");
JRadioButton jr2 = new JRadioButton("2");
JRadioButton jr3 = new JRadioButton("3");
```

A. 同时选中 jr1、jr2 和 jr3   B. 只能选中 jr1
C. 只能选中 jr2   D. 只能选中 jr3
9. 下列代码段执行后，不可能出现的结果是（   ）。

```
JRadioButton jr1 = new JRadioButton("1");
JRadioButton jr2 = new JRadioButton("2");
JRadioButton jr3 = new JRadioButton("3");
ButtonGroup group = new ButtonGroup();
group.add(jr1);group.add(jr2);
group.add(jr3);
```

A. 同时选中 jr1、jr2 和 jr3   B. 只选中 jr1
C. 只选中 jr2   D. 只选中 jr3

10. 要在窗体所列出的影片中选择喜爱的几部电影,应选用的 Swing 组件是（　　）。
  A. JCheckBox　　　B. JRadioButton　　　C. JProgressBar　　　D. JLabel

任务4.2　初试锋芒——用户主界面的制作

4.2.1　任务目标

用户通过登录界面（login.java）输入正确的用户名和密码后,就可以进入到软件的主界面,主界面中间是一个显示欢迎信息的 JLabel 控件,主界面的上方是主菜单,包括【文件】和【系统】两个下拉菜单。在【文件】菜单下设有【开始游戏】和【参数设置】两个菜单项。【系统】菜单下设有【帮助】和【退出】两个菜单项。

本节内容的主要任务就是要设计这个主界面及系统菜单下的各菜单项的功能。

需解决问题
1. Java 图形界面程序设计中菜单分为哪几类？
2. 怎么实现在图形界面中添加菜单？
3. 在图形界面的设计中如何设置字体？
4. 在图形界面的设计中如何使用颜色？

4.2.2　技术准备

4.2.2.1　下拉菜单 JMenu 和弹出菜单 JPopupMenu

在图形化界面的操作中,菜单是不可缺少的一种功能组件,菜单主要是集成系统的主要功能命令及为用户操作提供便捷的服务。Java 程序设计中 Swing 组件包中的 JMenu 类用于实现菜单类,我们将菜单划分为下拉菜单和弹出菜单。

（1）下拉菜单 JMenu

菜单是放置在菜单栏（JMenuBar）组件中,从而得到下拉菜单的显示,菜单栏可以含有一个或多个下拉菜单内容。创建菜单常用构造方法如下。

① 创建一个无文本内容的 JMenu 菜单对象。
`JMenu()`
② 创建一个带有指定文本内容的 JMenu 菜单对象。
`JMenu(String s)`

JMenu 类的常用方法如表 4-3 所示。

表 4-3　JMenu 类的常用方法

方法名称	说明
add(Action a)	创建连接到指定 Action 对象的新菜单项,并将其追加到此菜单的末尾
add(Component c)	将某个组件追加到此菜单的末尾
add(Component c,int index)	将指定组件添加到此容器的给定位置
add(JMenuItem menuItem)	将某个菜单项追加到此菜单的末尾
add(String s)	创建具有指定文本的新菜单项,并将其追加到此菜单的末尾

续表

方法名称	说明
addSeparator()	将新分隔符追加到菜单的末尾
doCliclc(int pressTime)	以编程方式执行"单击"操作
getDelay()	返回子菜单向上或向下弹出前建议的延迟（以毫秒为单位）
getItem(int pos)	返回指定位置的 JMenuItem
getItemCount()	返回菜单上的项数，包括分隔符
getMenuComponent(int n)	返回位于位置 n 的组件
getMenuComponents()	返回菜单子组件的 Component 数组
getSubElements()	返回由 MenuElement 组成的数组，其中包含此菜单组件的子菜单
insert(JMenuItem mi,int pos)	在给定位置插入指定的 JMenuItem
insert(String s,pos)	在给定位置插入具有指定文本的新菜单项
insertSeparator(int index)	在指定的位置插入分隔符
isMenuComponent(Component c)	如果在子菜单层次结构中存在指定的组件，则返回 true
isPopupMenuVisible()	如果菜单的弹出窗口可见，则返回 true
isSelected()	如果菜单是当前选择的（即高亮显示的）菜单，则返回 true
isTopLevelMenu()	如果菜单是"顶层菜单"（即菜单栏的直接子级），则返回 true
setDelay(int d)	设置菜单的 PopupMenu 向上或向下弹出前建议的延迟
setMenuLocation(int x,int y)	设置弹出组件的位置
setPopupMenuVisible(boolean b)	设置菜单弹出的可见性
setSelected(boolean b)	设置菜单的选择状态

【例 4.34】 JMenu 菜单的使用——制作下拉菜单。

```java
import java.awt.event.ActionEvent;
import java.awt.event.KeyEvent;
import javax.swing.JCheckBoxMenuItem;
import javax.swing.JFrame;
import javax.swing.JMenu;
import javax.swing.JMenuBar;
import javax.swing.JMenuItem;
import javax.swing.KeyStroke;
public class TestJMenu extends JMenuBar{
    public TestJMenu(){
        add(createFileMenu());    //添加"文件"菜单
        add(createEditMenu());    //添加"编辑"菜单
        setVisible(true);
    }
    public static void main(String[] agrs){
        JFrame frame=new JFrame("菜单栏");
        frame.setSize(300,200);
        frame.setJMenuBar(new TestJMenu());
        frame.setVisible(true);
    }
    //定义"文件"菜单
    private JMenu createFileMenu(){
```

```java
        JMenu menu=new JMenu("文件(F)");
        menu.setMnemonic(KeyEvent.VK_F);        //设置快速访问符
        JMenuItem item=new JMenuItem("新建(N)",KeyEvent.VK_N);
item.setAccelerator(KeyStroke.getKeyStroke(KeyEvent.VK_N,ActionEvent.CTRL_MASK));
        menu.add(item);
        item=new JMenuItem("打开(O)",KeyEvent.VK_O);
item.setAccelerator(KeyStroke.getKeyStroke(KeyEvent.VK_O,ActionEvent.CTRL_MASK));
        menu.add(item);
        item=new JMenuItem("保存(S)",KeyEvent.VK_S);
item.setAccelerator(KeyStroke.getKeyStroke(KeyEvent.VK_S,ActionEvent.CTRL_MASK));
        menu.add(item);
        menu.addSeparator();
item=new JMenuItem("退出(E)",KeyEvent.VK_E);
        item.setAccelerator(KeyStroke.getKeyStroke(KeyEvent.VK_E,ActionEvent.CTRL_MASK));
        menu.add(item);
        return menu;
    }
    //定义"编辑"菜单
    private JMenu createEditMenu(){
        JMenu menu=new JMenu("编辑(E)");
        menu.setMnemonic(KeyEvent.VK_E);
        JMenuItem item=new JMenuItem("撤销(U)",KeyEvent.VK_U);
        item.setEnabled(false);
        menu.add(item);
        menu.addSeparator();
        item=new JMenuItem("剪贴(T)",KeyEvent.VK_T);
        menu.add(item);
        item=new JMenuItem("复制(C)",KeyEvent.VK_C);
        menu.add(item);
        menu.addSeparator();
        JCheckBoxMenuItem cbMenuItem=new JCheckBoxMenuItem("自动换行");
        menu.add(cbMenuItem);
        return menu;
    }
}
```

编译运行程序，结果如图 4-29 所示。

图 4-29　JMenu 类创建下拉菜单

JMenuItem 类实现的是菜单中的菜单项。菜单项本质上是位于列表中的按钮。当用户单击按钮时，则执行与菜单项关联的操作。JMenuItem 的常用构造方法如下。

① 创建带有指定文本的 JMenuItem。
`JMenuItem(String text)`

② 创建带有指定文本和图标的 JMenuItem。
`JMenuItem(String text,Icon icon)`

③ 创建带有指定文本和键盘助记符的 JMenuItem。
`JMenuItem(String text,int mnemonic)`

（2）弹出菜单 JPopupMenu

弹出菜单由 Swing 组件包中 JPopupMenu 类实现，它是一个可弹出并显示一系列选项的小窗口。它还用于当用户选择菜单项并激活它时显示的右键弹出菜单，可以在想让菜单显示的任何其他位置使用。JPopupMenu 类的常用方法如表 4-4 所示。

表 4-4 JPopupMenu 类的常用方法

方法名称	说明
getInvoker()	返回作为此弹出菜单的"调用者"的组件
setInvoker(Component invoker)	设置弹出菜单的调用者，即弹出菜单在其中显示的组件
addPopupMenuListener(PopupMenuListener1)	添加 PopupMenu 监听器
removePopupMenuListener(PopupMenuListener1)	移除 PopupMenu 监听器
getPopupMenuListeners()	返回利用 addPopupMenuListener()添加到此 JMenuItem 的所有 PopupMenuListener 组成的数组
getLabel()	返回弹出菜单的标签
setLabel(String label)	设置弹出菜单的标签
show(Component invoker,int x,int y)	在调用者的坐标空间中的位置 X、Y 处显示弹出菜单
getComponentIndex(Component c)	返回指定组件的索引

【例 4.35】JPopupMenu 弹出菜单的使用。

```
import java.awt.event.MouseAdapter;
import java.awt.event.MouseEvent;
import java.awt.event.MouseListener;
import javax.swing.ButtonGroup;
import javax.swing.JFrame;
import javax.swing.JMenu;
import javax.swing.JMenuItem;
import javax.swing.JPopupMenu;
import javax.swing.JRadioButtonMenuItem;
public class TestJPopupMenu extends JFrame
{
    JMenu fileMenu;
    JPopupMenu jPopupMenuOne;
    JMenuItem copyFile,pasteFile,castFile;
    public TestJPopupMenu()
    {
        jPopupMenuOne=new JPopupMenu();        //创建 jPopupMenuOne 对象
```

```java
        //创建单选菜单项,并添加到ButtonGroup对象中
        copyFile=new JMenuItem("复制");
        castFile=new JMenuItem("剪切");
        pasteFile=new JMenuItem("粘贴");
        //将copyFile添加到jPopupMenuOne中
        jPopupMenuOne.add(copyFile);
        //将pasteFile添加到jPopupMenuOne中
        jPopupMenuOne.add(castFile);
        jPopupMenuOne.add(pasteFile);
        //创建监听器对象
        MouseListener popupListener=new PopupListener(jPopupMenuOne);
        //向主窗口注册监听器
        this.addMouseListener(popupListener);
        this.setTitle("弹出式菜单");
        this.setBounds(100,100,250,150);
        this.setVisible(true);
        this.setDefaultCloseOperation(JFrame.EXIT_ON_CLOSE);
    }
    public static void main(String args[])
    {
        new TestJPopupMenu();
    }
}
//添加内部类,其扩展了MouseAdapter类,用来处理鼠标事件
class PopupListener extends MouseAdapter
{
    JPopupMenu popupMenu;
    PopupListener(JPopupMenu popupMenu)
    {
        this.popupMenu=popupMenu;
    }
    public void mousePressed(MouseEvent e)
    {
        showPopupMenu(e);
    }
    public void mouseReleased(MouseEvent e)
    {
        showPopupMenu(e);
    }
    private void showPopupMenu(MouseEvent e)
    {
        if(e.isPopupTrigger())
        {
            //如果当前事件与鼠标事件相关,则弹出菜单
            popupMenu.show(e.getComponent(),e.getX(),e.getY());
        }
    }
}
```

编译运行程序,结果如图 4-30 所示。

图 4-30 JPopupMenu 弹出菜单

📝 记一记：

4.2.2.2 字体 Font 与颜色 Color

（1）字体 Font

为了创建良好的图形用户界面，无论是标签、按钮、列表等都需要将其显示的内容文本设置适合的字体，而创建 Font 类的一个对象就能对相应组件的字体进行修饰。Font 类在 Java 语言的 AWT 组件包中，其使用的构造方法是使用 Font 类创建指定字体、字型、字体大小的字体对象。

```
Font(String name,int style,int size)
```

name：指定字体名称，如：Courier、Helvetica、Times New Roman、宋体、隶书、楷体、gb2312 等。

Style：指定字型，Font.PLAIN（正常字体）、Font.BOLD（粗体）、Font.ITALIC（斜体）。

Size：指定字体大小，单位为磅。

（2）颜色 Color

与 Font 类相同，对于用户界面的设计同样也需要对相应的组件对象背景设置适合匹配的颜色，而 AWT 组件包中的 Color 类能够为颜色设置进行修饰。Color 是用来封装颜色的，支持多种颜色空间，默认为 RGB 颜色空间。每个 Color 对象都有一个 alpha 通道，代表透明度，值为 0~255，当 alpha 通道值为 255 时，表示完全不透明；当 alpha 通道值为 0 时，表示完全透明，前三个量不起作用；当 alpha 通道的值在 0~255 时，代表指定颜色不同程度的透明度。Color 类的构造方法创建颜色对象形式为：

```
Color(int red,int green,int blue)
```

3个整型参数 red、green、blue 分别表示红、绿和蓝 3 色分量,它们的取值是 0~255 的整型值。例如,下面的语句定义红色:
```
Color color=new Color(255,0,0);
```
Color 类中的预定义颜色常量如表 4-5 所示。

表 4-5 Color 类预定义的颜色常量

颜色名	预定义的颜色名	颜色值
白色	Color.white	255,255,255
浅灰色	Color.lightGray	192,192,192
灰色	Color.gray	128,128,128
深灰色	Color.darkGray	64,64,64
黑色	Color.black	0,0,0
红色	Color.red	255,0,0
粉色	Color.pink	255,175,175
橙色	Color.orange	255,200,0
黄色	Color.yellow	255,255,0
绿色	Color.green	0,255,0
品红色	Color.magenta	255,0,255
青色	Color.cyan	0,255,255
蓝色	Color.blue	0,0,255

【例 4.36】图形界面中对 Font 类与 Color 类的应用。

```
import java.awt.*;
import javax.swing.*;
import java.util.Random;
public class UseFontColor extends JPanel{
    String fontNames[];//声明字符串数组,存放系统所有字体名称
    Color color;//声明颜色对象
    public UseFontColor(){//构造方法定义
        GraphicsEnvironment environment=
GraphicsEnvironment.getLocalGraphicsEnvironment();//得到图形环境对象
        fontNames=environment.getAvailableFontFamilyNames();  //获取系统支持的所有字体名,并保
存到数组 fontNames 中
        setBackground(Color.white);//设置面板背景颜色为白色
    }
    public void paint(Graphics g){  //覆盖父类的画图显示方法,初始化面板后将自动调用该方法显示
        super.paint(g);//调用父类的同名方法
        int xMessage=20,yMessage=35;//文字的显示坐标
        int red,green,blue;//颜色 3 分量
        Random random=new Random();//创建随机类对象
        for(int i=fontNames.length-1;i>fontNames.length-19;i--){
            red=random.nextInt(256);//生成 0~255 随机的红色分量值
            green=random.nextInt(256);//生成 0~255 随机的绿色分量值
            blue=random.nextInt(256);//生成 0~255 随机的蓝色分量值
            g.setColor(new Color(red,green,blue));//设置画笔颜色
```

```
            g.setFont(new Font(fontNames[i],Font.PLAIN,22));//设置字体
            g.drawString(fontNames[i],xMessage,yMessage);//显示字体名称
            xMessage+=220;
            if(i%3==0){//每行只显示3个字体名称
                xMessage=20;
                yMessage+=25;//下一次的3个字体名将换行分布
            }
        }
    }
//覆盖父类的同名方法，自动调用设置面板的显示宽高
    public Dimension getPreferredSize(){
        return new Dimension(640,180);//面板大小为640×180像素
    }
    public static void main(String[] args){
        JFrame frame=new JFrame("设置字体和颜色");//定义窗口
        Container contentPane=frame.getContentPane();//获取内容面板
        UseFontColor w=new UseFontColor();//创建自定义面板对象
        //设置面板对象w具有标题边框
        w.setBorder(BorderFactory.createTitledBorder("系统支持的字体"));
        contentPane.add(w,BorderLayout.CENTER);//面板添加到窗口中间
        frame.pack();//以面板设置宽高640×180像素显示
        frame.setVisible(true);
    }
}
```

编译运行程序，结果如图4-31所示。

图4-31 字体与颜色应用

记一记：

4.2.3 任务实施

4.2.3.1 任务要求

本节的主要任务是设计软件的主界面和界面的主菜单,主界面很简单,在主界面的中间是一个显示欢迎信息的 JLabel 控件,主界面的上方是主菜单,包括【文件】和【系统】两个下拉菜单。在【文件】菜单下设有【开始游戏】和【参数设置】两个菜单项。【系统】菜单下设有【帮助】和【退出】两个菜单项。具体如图 4-32 所示。

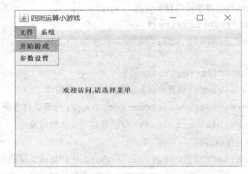

图 4-32 四则运算小游戏主界面

本节内容的主要任务就是要设计这个主界面及系统菜单下的各菜单项的功能。

4.2.3.2 程序代码

```java
import javax.swing.*;
import java.awt.*;
import java.awt.event.*;
public class Game extends JFrame implements ActionListener{
    JLabel jL1;
    JButton jB1;
    JMenu fileMenu,systemMenu;
    JMenuItem startMenuItem,setMenuItem,helpMenuItem,exitMenuItem;
    JMenuBar mbar;
    Container winContainer;
    static int max=20;

    public Game() {
        super("四则运算小游戏");
        startMenuItem=new JMenuItem("开始游戏");
        startMenuItem.addActionListener(this);
        setMenuItem=new JMenuItem("参数设置");
        setMenuItem.addActionListener(this);
        helpMenuItem=new JMenuItem("帮助");
        helpMenuItem.addActionListener(this);
        exitMenuItem=new JMenuItem("退出");
        exitMenuItem.addActionListener(this);
        fileMenu=new JMenu("文件");
        systemMenu=new JMenu("系统");
        mbar=new JMenuBar();
```

```java
        fileMenu.add(startMenuItem);
        fileMenu.add(setMenuItem);
        
        systemMenu.add(helpMenuItem);
        systemMenu.addSeparator();//为菜单加横线分隔符
        
        systemMenu.add(exitMenuItem);
        mbar.add(fileMenu);
        mbar.add(systemMenu);
        this.setJMenuBar(mbar);//将制作的菜单显示在窗口里
        
        jL1=new JLabel("欢迎访问,请选择菜单");
        jL1.setBounds(80, 80, 200, 30);
        //jB1=new JButton("被按下偶数次");
        //jB1.setBounds(60, 60, 150, 30);
        //jB1.addActionListener(this);
        winContainer=this.getContentPane();
        winContainer.setLayout(null);
        winContainer.add(jL1);
        //winContainer.add(jB1);
        this.setSize(400,300);
        this.setLocation(200, 200);
        this.setVisible(true);
        
    }
    public static void main(String[] args) {
        // TODO Auto-generated method stub
        Game w2=new Game();
        
    }
    public void actionPerformed(ActionEvent e) {
        if(e.getSource()==exitMenuItem) {
            System.exit(0);
        }else if(e.getSource()==startMenuItem) {
            StartGame g1=new StartGame();//实例化游戏开始界面
            g1.setBounds(0,0,350,250);
            winContainer.removeAll();
            winContainer.add(g1);
            winContainer.repaint();
            
        }else if(e.getSource()==setMenuItem) {
            SetGame g2=new SetGame();//实例化设置界面
            g2.setBounds(0, 0, 350, 250);
            winContainer.removeAll();
            winContainer.add(g2);
            winContainer.repaint();
            
        }
    }
}
```

4.2.4 巩固提高

在一个窗体中同时创建下拉菜单与弹出菜单，菜单内容如表 4-6 所示。

表 4-6 下拉菜单和弹出菜单的内容

一级菜单	二级菜单	弹出式菜单
用户管理	添加用户	返回（B）
	修改密码	前进（F）
	退出	另存为（A）
系统管理	反馈	打印（P）
	帮助	检查（N）
	还原	
	升级	

4.2.5 课后习题

1. 使用（　　）类创建菜单对象。
   A．Dimension　　　　　　　　　B．JMenu
   C．JMenuItem　　　　　　　　　D．JTextArea
2. 窗口 Frame 使用（　　）方法可以将 jMenuBar 对象设置为主菜单。
   A．setHelpMenu(jMenuBar)　　　B．add(jMenuBar)
   C．setJMenuBar(jMenuBar)　　　D．setMenu(jMenuBar)
3. 使用（　　）方法创建菜单中的分隔条。
   A．setEditable　　　　　　　　　B．ChangeListener
   C．add　　　　　　　　　　　　D．addSeparator
4. 以下类中，具有绘图能力的类是（　　）。
   A．Image　　　B．Graphics　　　C．Font　　　D．Color
5. Graphics 类中提供的绘图方法分为两类，一个是绘制图形，另一个是绘制（　　）。
   A．屏幕　　　B．文本　　　C．颜色　　　D．图像

任务4.3 崭露头角——参数设置菜单项功能设计

4.3.1 任务目标

上一任务我们已经完成了主界面的设计，接下来我们就要完成各菜单项的功能了，本节主要任务是完成【参数设置】菜单项的相关功能。

用鼠标点击【参数设置】菜单项,会触发事件处理程序,在处理程序中我们会定义 SetGame 类的对象，并将该对象加载到主界面中。

项目 4 有用户界面的四则运算小游戏

> **需解决问题**
> 1. Java 程序设计中事件处理三要素是什么？
> 2. 事件处理的作用是什么？
> 3. 什么是异常处理？
> 4. 异常处理的关键词有哪些？
> 5. 异常处理基本用法的框架结构是什么？

4.3.2 技术准备

4.3.2.1 事件处理模型

事件表示程序和用户之间的交互，例如在文本框中输入，在列表框或组合框中选择，选中复选框和单选框，单击按钮等。事件处理表示程序对事件的响应，对用户的交互或者说对事件的处理。当事件发生时，系统会自动捕捉这一事件，创建表示动作的事件对象并把它们分派给程序内的事件处理程序代码。这种代码确定了如何处理此事件以使用户得到相应的回答。

（1）事件处理模型

通过图形用户界面的组件设计只能够使图形界面有更加丰富多彩的外观，但是在前面的内容介绍中我们为了必须实现程序的功能也免不了为按钮添加一定的功能，这些功能的实现就是为图形界面的组件添加了事件处理机制。在事件处理的过程中，主要是对事件处理三要素进行操作，即事件、事件源及事件监听器。

- Event（事件）：用户对组件的一次操作称为一个事件，以类的形式出现。例如，键盘操作对应的事件类是 KeyEvent。
- Event Source（事件源）：事件发生的场所，通常就是各个组件，例如按钮 Button、文本框 TextField 等。
- Event Listener（事件监听器）：接收事件源发生的事件并对其进行处理的对象事件处理器，通常就是某个 Java 类中负责处理事件的成员方法。

事件监听器首先与组件（事件源）建立关联，当组件接受外部作用（事件）时，组件就会产生一个相应的事件对象，并把此对象传给与之关联的事件监听器，事件监听器就会被启动并执行相关的代码来处理该事件，如图 4-33 所示。

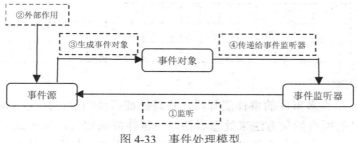

图 4-33 事件处理模型

（2）事件类

所有的事件都放置在 AWT 组件中的事件（event）包中，AWT 事件分为低级事件和高级事件两类。

1）低级事件

低级事件是指形成高级事件的事件。在单击按钮时，包含鼠标动作事件，例如单击、移动、双击等。调整滚动条是一种高级事件，但是拖动鼠标是低级事件。低级事件主要有以下几类。

① MouseEvent（鼠标事件）：在鼠标单击、释放、拖拽等情况下发生。
② KeyEvent（键事件）：当按下或释放键盘上的按键时发生。
③ FoucusEvent（焦点事件）：当组件获得或失去焦点时发生。
④ ComponentEvent（组件事件）：当组件位置变化、组件大小改变时发生。
⑤ ContainerEvent（容器事件）：当容器中添加或删除组件时发生。
⑥ WindowEvent（窗口事件）：当窗体打开、最小化、最大化、关闭时发生。

2）高级事件

高级事件是表示用户操作的事件，不与特定的动作关联，主要依赖于触发事件的操作。例如，ActionEvent 在按钮按下时被激活，也可以在 TextField 组件中按下"Enter"键时被激活。高级事件主要有以下几类：

① ActionEvent（动作事件）：在 TextField 组件中按下"Enter"键时发生。
② AdjustmentEvent（调整事件）：当调整滚动条时发生。
③ TextEvent（文本事件）：当文本框中内容发生改变时发生。
④ ItemEvent（项目事件）：当从下拉列表框中进行选择时发生。

记一记：

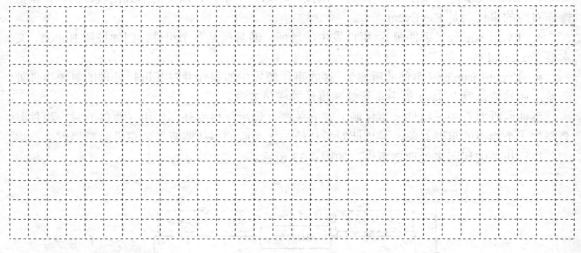

（3）事件监听器

Java 语言提供了许多事件的事件监听器，它是处理事件的接口，在 AWT 事件包中，通过实现接口中定义的所有抽象方法来处理事件，当事件被触发后，Java 系统会自动生成触发此事件的类的对象，并通知在当前事件上注册的事件监听器，最后用事件监听器中的方法来处理此事件。

AWT 提供的所有事件都有相应的监听接口，每个接口中分别有一个或多个处理事件的方法。

【例 4.37】 使用事件监听处理图形界面的功能响应。

```java
import java.awt.event.*;
import javax.swing.*;
public class TestMonitor{
    public JTextField userT = new JTextField();
    JPasswordField pwdT=new JPasswordField();
    public static void main(String[] args){
        JFrame frame = new JFrame();
        frame.setTitle("用户登录");
        JPanel panel=new JPanel();
        panel.setLayout(null);
        JLabel user=new JLabel("用户名:");
        JLabel pwd= new JLabel("密码:");
        user.setBounds(30,30,70,20);
        pwd.setBounds(30,55,50,20);
        JTextField userT = new JTextField();
        JPasswordField pwdT=new JPasswordField();
        userT.setBounds(105,30,100,20);
        pwdT.setBounds(105,55,100,20);
        JButton log=new JButton("登录");
        JButton cal=new JButton("取消");
        log.setBounds(60,100,80,30);
        cal.setBounds(145,100,80,30);
        //添加按钮btn1的单击事件
        log.addMouseListener(new MouseListener(){
            @Override
            public void mouseClicked(MouseEvent e){
                JOptionPane.showMessageDialog(null,"登录成功","确认",1);
            }
            @Override
            public void mouseReleased(MouseEvent e){

            }
            @Override
            public void mousePressed(MouseEvent e){

            }
            @Override
            public void mouseExited(MouseEvent e){

            }
            @Override
            public void mouseEntered(MouseEvent e){

            }
        });
        cal.addMouseListener(new MouseListener(){
            @Override
            public void mouseClicked(MouseEvent e){
                JOptionPane.showMessageDialog(null,"取消登录","确认",2);
                System.exit(0);
            }
```

```
            @Override
            public void mouseReleased(MouseEvent e){
            
            }
            @Override
            public void mousePressed(MouseEvent e){
            
            }
            @Override
            public void mouseExited(MouseEvent e){
            
            }
            @Override
            public void mouseEntered(MouseEvent e){
            
            }
        });
        panel.add(user);
        panel.add(userT);
        panel.add(pwd);
        panel.add(pwdT);
        panel.add(log);
        panel.add(cal);
        //将面板添加到窗体上
        frame.add(panel);
        //设置窗体
        frame.setBounds(400,150,300,200);
        frame.setVisible(true);
    }
}
```

编译运行程序，结果如图 4-34 所示。

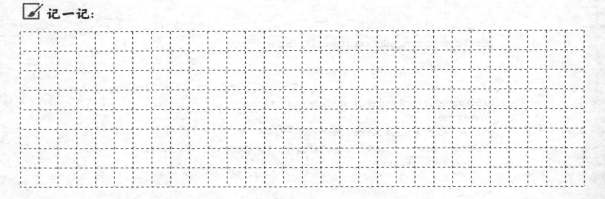

图 4-34　登录响应窗口

记一记：

4.3.2.2 异常处理

在程序设计和运行的过程中，发生错误是不可避免的。尽管 Java 语言的设计从根本上提供了便于写出整洁、安全代码的方法，并且程序员也尽量地减少错误的产生，但是使程序被迫停止的错误的存在仍然不可避免。这里所指的错误不是编译时的语法错误，而是遇到的非致命错误。为此，Java 语言提供了异常处理机制来帮助程序员检查可能出现的错误，以保证程序的可读性和可维护性。

Java 语言中的异常又称为例外，是一个在程序执行期间发生的事件，它中断正在执行程序的正常指令流。为了能够及时有效地处理程序中的运行错误，必须使用异常类，这可以让程序具有极好的容错性且更加健壮。

例如我们都知道数学计算中的除法运算规则，要求除数不能为 0，当我们编制除法计算表达式，遇到除数为 0 的情况时，计算结果将会产生错误，这种错误情况如果在程序设计中使用异常的机制进行处理，将会避免在程序运行过程中的错误产生。在 Java 中一个异常的产生，主要有如下三种原因：

① Java 内部错误发生异常，Java 虚拟机产生的异常。
② 编写的程序代码中的错误所产生的异常，例如空指针异常、数组越界异常等。
③ 通过 throw 语句手动生成的异常，一般用来告知该方法的调用者一些必要信息。

Java 通过面向对象的方法来处理异常。在一个方法的运行过程中，如果发生了异常，则这个方法会产生代表该异常的一个对象，并把它交给运行时的系统，运行时系统寻找相应的代码来处理这一异常。我们把生成异常对象，并把它提交给运行时系统的过程称为抛出（throw）异常。运行时系统在方法的调用栈中查找，直到找到能够处理该类型异常的对象，这一个过程称为捕获（catch）异常。

（1）异常的分类

Java 程序设计中异常处理机制是它的一个重要特色。异常处理机制可以预防程序代码错误或系统错误所导致的不可预期的情况发生，使系统更安全、更健壮。异常处理类都直接或间接地继承 Throwable 类，Throwable 在异常类层次结构的顶层，紧接着 Throwable 把异常分成了两个不同分支的子类，即 Exception 类和 Error 类。异常类 Exception 分为运行时异常和非运行时异常，也称为不检查异常和检查异常。

① Error 异常：是在通常环境下不希望被程序捕获的异常。Error 类型的异常用于 Java 运行时系统来显示与运行时系统本身有关的错误。

② Exception 异常：用于程序可能捕获的异常情况，它是可以用来创建自定义异常类型的类。Exception 异常有一个非常重要的子类异常 RuntimeException，它的异常包括除数为零和数组下标越界等。由于这类异常事件很普通，捕获这类异常会对程序的可读性和高效性带来负面影响，因此程序可以不捕获这些异常，由 Java 运行系统来处理。

Java 中常见的运行异常包含：算术错误异常（Arithmetic Exception），如以零做除数；数组索引越界（ArrayIndex Out Of Bound Exception）；向类型不兼容的数组元素赋值（Array Store Exception）；类型转换异常（Class Cast Exception）；使用非法实参调用方法（Illegal Argument Exception）；环境或应用程序处于不正确的状态（Illegal State Exception）；被请求的操作与当前线程状态不兼容（Illegal Thread State Exception）；某种类型的索引越界（Index Out Of Bounds

Exception）；尝试访问 null 对象成员，空指针异常（Null Pointer Exception）；在负数范围内创建的数组（Negative Array Size Exception）；数字转化格式异常，比如字符串到 float 型数字的转换无效（Number Format Exception）；类型未找到（Type Not Present Exception）。

Java 中常见的非运行异常包含：没有找到类（Class Not Found Exception）、访问类被拒绝（Illegal Access Exception）、试图创建抽象类或接口的对象（Instantiation Exception）、线程被另一个线程中断（Interrupted Exception）、请求的域不存在（No Such Field Exception）、请求的方法不存在（No Such Method Exception）、与反射有关的异常的超类（Reflective Operation Exception）。

（2）捕获异常

Java 的异常处理通过 5 个关键字来实现：try、catch、throw、throws 和 finally。try-catch 语句用于捕获并处理异常，finally 语句用于在任何情况下（除特殊情况外）都必须执行的代码，throw 语句用于抛出异常，throws 语句用于声明可能会出现的异常。

在 Java 中通常采用 try-catch 语句来捕获异常并处理。语法格式如下：

```
try {
    // 可能发生异常的语句
} catch(ExceptionType e) {
    // 处理异常语句
}
```

把可能引发异常的语句封装在 try 语句块中，用以捕获可能发生的异常。catch 后的小括号里放匹配的异常类，指明 catch 语句可以处理的异常类型，发生异常时产生异常类的实例化对象。

如果 try 语句块中发生异常，那么一个相应的异常对象就会被抛出，然后 catch 语句就会依据所抛出异常对象的类型进行捕获，并处理。处理之后，程序会跳过 try 语句块中剩余的语句，转到 catch 语句块后面的第一条语句开始执行。如果 try 语句块中没有异常发生，那么 try 块正常结束，后面的 catch 语句块被跳过，程序将从 catch 语句块后的第一条语句开始执行。

try 后面的大括号 { } 不可以省略，即使 try 块里只有一行代码，也不可省略这个大括号。与之类似的是，catch 块后的大括号 { } 也不可以省略。另外，try 块里声明的变量只是代码块内的局部变量，它只在 try 块内有效，其他地方不能访问该变量。

【例 4.38】使用 try-catch 捕获除法运算异常。

```
import java.util.Scanner;
public class BaseException{
    public static void main(String[] args){
        Scanner input= new Scanner(System.in);
        System.out.println("———除法运算-——");
        try {
            System.err.println("输入被除数:");
            int x= input.nextInt();
            System.err.println("输入除数:");
            int y= input.nextInt();
            System.out.println("x/y 除法运算结果:"+(x/y));
```

```
    }catch(ArithmeticException e){
        System.out.println("除数为0的异常");
        e.printStackTrace();
    }
  }
}
```

编译运行程序,当被除数输入为"0"时,运行结果如图 4-35 所示。

```
----除法运算----
输入被除数:
6
输入除数:
0
除数为0的异常
java.lang.ArithmeticException: / by zero
        at BaseException.main(BaseException.java:11)
```

图 4-35 异常处理

如果 try 代码块中有很多语句会发生异常,而且发生的异常种类又很多。那么可以在 try 后面跟有多个 catch 代码块。在多个 catch 代码块的情况下,当一个 catch 代码块捕获到一个异常时,其他的 catch 代码块就不再进行匹配。当捕获的多个异常类之间存在父子关系时,捕获异常时一般先捕获子类,再捕获父类。所以子类异常必须在父类异常的前面,否则子类捕获不到。

【例 4.39】使用 try-catch 捕获除法运算多种异常的多重捕获。

```
import java.util.*;
import java.awt.*;
public class BaseException{
    public static void main(String[] args){
        Scanner input= new Scanner(System.in);
        System.out.println("----除法运算----");
        try {
            System.err.println("输入被除数:");
            int x= input.nextInt();
            System.err.println("输入除数:");
            int y= input.nextInt();
            System.out.println("x/y 除法运算结果:"+(x/y));
        }catch(ArithmeticException e){
            System.out.println("除数为0的异常");
            e.printStackTrace();
        }catch(InputMismatchException e){
            System.out.println("用户输入类型错误! ");
            e.printStackTrace();
        }catch(Exception e){
            e.printStackTrace();
        }
    }
}
```

编译运行程序,当除数输入为非整数时,运行结果如图 4-36 所示。

```
----除法运算----
输入被除数:
8
输入除数:
2.3
用户输入类型错误!
java.util.InputMismatchException
        at java.util.Scanner.throwFor(Unknown Source)
        at java.util.Scanner.next(Unknown Source)
        at java.util.Scanner.nextInt(Unknown Source)
        at java.util.Scanner.nextInt(Unknown Source)
        at BaseException.main(BaseException.java:11)
```

图 4-36　多重 try-catch 异常处理

finally 语句在异常处理中一般是做收尾工作,它用来保证程序的健壮性。例如程序执行开始,当输入的数据导致程序无法完成后续的计算,程序发生了异常,程序将去处理这个异常,但此时程序没有结束,这样可能导致计算机中信息丢失或是误操作。那么我们将此计算之后的操作也是程序必须要执行的操作内容放在 finally 语句块中。无论程序有没有发生异常,finally 语句都必须执行,即使 try 语句块中有 return、break 或 continue 这样的跳转语句也不能阻止 finally 语句的执行。

【例 4.40】 finally 语句块的应用。

```java
import java.util.*;
import java.awt.*;
public class BaseException{
    public static void main(String[] args){
        Scanner input= new Scanner(System.in);
        System.out.println("----除法运算----");
        try {
            System.err.println("输入被除数:");
            int x= input.nextInt();
            System.err.println("输入除数:");
            int y= input.nextInt();
            System.out.println("x/y 除法运算结果:"+(x/y));
        }catch(ArithmeticException e){
            System.out.println("除数为 0 的异常");
            e.printStackTrace();
        }finally {
            System.out.println("程序退出!");
        }
    }
}
```

编译运行程序,当数据非法,导致程序无法完成除法计算时,执行 finally 语句块,运行结果如图 4-37 所示。

```
----除法运算----
输入除数:
a
谢谢使用!
```

图 4-37　finally 语句块的应用

记一记：

（3）异常的声明与抛出

Java 语言中的异常处理除了捕获异常和处理异常之外，还包括声明异常和抛出异常。实现声明和抛出异常的关键字非常相似，它们是 throws 和 throw。可以通过 throws 关键字在方法上声明该方法要抛出的异常，然后在方法内部通过 throw 抛出异常对象。

① 声明异常 throws。当一个方法产生一个它不处理的异常时，那么就需要在该方法的头部声明这个异常，以便将该异常传递到方法的外部进行处理。使用 throws 声明的方法表示此方法不处理异常。throws 具体格式如下：

returnType method_name(paramList) throws Exception 1,Exception2,…{…}

returnType：返回值类型；

method_name：方法名；

paramList：参数列表；

Exception 1，Exception2，… ：异常类。

如果有多个异常类，它们之间用逗号分隔。这些异常类可以是方法中调用了可能抛出异常的方法而产生的异常，也可以是方法体中生成并抛出的异常。在使用 throws 声明的抛出异常时，当前方法不知道如何处理这种类型的异常，该异常应该由上一级的调用者处理；如果 main 方法也不知道如何处理这种类型的异常，也可以使用 throws 声明抛出异常，该异常将交给 JVM 处理。JVM 对异常的处理方法是：打印异常的跟踪栈信息并中止程序运行，这就是前面程序在遇到异常后自动结束的原因。

【例 4.41】throws 声明抛出异常。

```java
import java.util.*;
public class TestThrows {
    public static void main(String args[]){
        try{
        Test t=new Test();
        int result=t.devide(3,0);
        System.out.println("两数相除结果为: "+result);
        }catch(Exception e){
            e.printStackTrace();
```

```
            }
        }
    }
    class Test{
        public int devide(int x,int y) throws Exception{
            int result=x/y;
            return x/y;
        }
    }
```

编译运行程序，运行结果如图 4-38 所示。

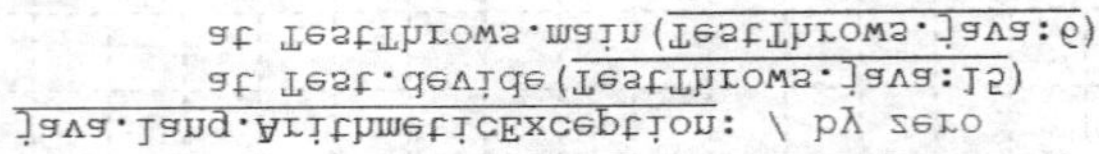

图 4-38 异常处理

② 抛出异常 throw。在 Java 程序设计中 throw 语句用来直接抛出一个异常，后接一个可抛出的异常类对象，其语法格式如下：

```
throw ExceptionObject;
```

ExceptionObject：Throwable 类或其子类的对象。

当 throw 语句执行时，它后面的语句将不执行，此时程序转向调用者程序，寻找与之相匹配的 catch 语句，执行相应的异常处理程序。如果没有找到相匹配的 catch 语句，则再转向上一层的调用程序。这样逐层向上，直到最外层的异常处理程序终止程序并打印出调用栈情况。

throw 关键字不会单独使用，它的使用完全符合异常的处理机制，但是，一般来讲用户都在避免异常的产生，所以不会手工抛出一个新的异常类的实例，而往往会抛出程序中已经产生的异常类的实例。

【例 4.42】throw 抛出异常的应用。

```
import java.util.*;
public class TestThrows {
    public static void main(String args[]){
        try{
            Test t=new Test();
            int result=t.devide(3,0);
            System.out.println("两数相除结果为: "+result);
        }catch(DevideByMinusException e){
            System.out.println("程序运行 DevideByMinusException");
            System.out.println(e.getMessage());
            System.out.println();
        }catch(ArithmeticException e){
            System.out.println("程序运行 ArithmeticException");
            System.out.println(e.getMessage());
        }catch(Exception e){
            System.out.println("程序运行 Exception");
            System.out.println(e.getMessage());
        }
```

```
        System.out.println("结束！");
    }
}
class Test{
    public int devide(int x,int y) throws
ArithmeticException,DevideByMinusException{
        if(y<0)
            throw new DevideByMinusException("被除数为负",y);
        int result=x/y;
        return x/y;
    }
}
class DevideByMinusException extends Exception{
    int devisor;
    public DevideByMinusException(String msg,int devisor){
        super(msg);
        this.devisor=devisor;
    }
    public int getDevisor(){
        return devisor;
    }
}
```

编译运行程序，运行结果如图 4-39 所示。

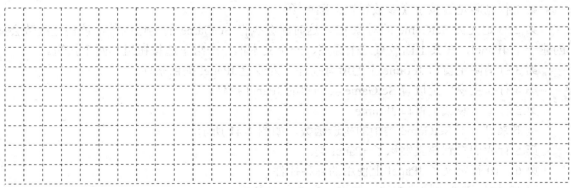

图 4-39　throw 抛出异常应用

记一记：

4.3.3　任务实施

4.3.3.1　任务要求

本节的主要任务是设计【参数设置】菜单项的功能，即编写 SetGame 类。SetGame 类继承于 JPanel 类，JPanel 是 Java 图形用户界面(GUI)工具包 Swing 中的面板容器类控件，包含在 javax.swing 包中，是一种轻量级容器，可以加入 JFrame 窗体中。我们可以将按钮、标签、文本框等控件放置在 JPanel 上，再将 JPanel 加载到主窗体（JFrame）中。界面如图 4-40 所示。

图 4-40　参数设置界面

4.3.3.2　核心代码讲解

在主窗口中点击【文件】菜单中的【参数设置】菜单项，会调用事件处理程序，在这里会调用类文件 SetGame 的构造函数。具体如下：

```
if(e.getSource()==setMenuItem) {//当按下参数设置菜单项时触发该事件处理程序
        SetGame g2=new SetGame();//实例化设置界面
        g2.setBounds(0, 0, 350, 250);
        winContainer.removeAll();
        winContainer.add(g2);
        winContainer.repaint();
    }
```

第 1 行判断是否按了【参数设置】菜单项。

第 2 行定义类 SetGame 的对象 g2，这时就会执行 SetGame 的构造函数，该构造函数会创建一个 JPanel，在其上面放置三个标签、一个文本框、一组单选按钮组和两个按钮。

第 3 行清除主窗口 JFrame 上的所有控件，为放置 JPanel 提供条件。

第 4 行在主窗口上放置 SetGame 类创建的 JPanel 控件。

第 5 行重新装载主窗口 JFrame。

接下来讲一下 SetGame 类中的构造函数，如图 4-41 所示。

第 5 行我们看到该类继承了 JPanel 类。

第 6～10 行定义了 JPanel 上使用的各种控件。

第 13 行是该类的构造方法，该构造方法没有参数。

第 14 行设置布置方式。

第 15 行调用 panelInit 方法，该方法用于创建各种控件，具体代码从第 18 行开始，这些内容和之前讲过的定义窗口上的控件的方法相同，这里就不再赘述了。

这里还有一个比较重要的内容要解决，就是如何获得系统设置的最大值和运算规则，同时设置完成后如何将设置完的各种参数保存起来。这里使用了类的静态（static）成员变量。

我们首先在 Game 类里定义静态成员变量。如图 4-42 所示。

```
 5  class SetGame extends JPanel implements ActionListener{
 6      JLabel jL1,jL2,jL3;
 7      JTextField jT1;
 8      JRadioButton[]jR=new JRadioButton[3];
 9      ButtonGroup radioGroup;
10      JButton jB1,jB2;
11      int max=Game.max;
12      int operat=Game.operator;
13      public SetGame() {
14          this.setLayout(null);
15          panelInit();
16      }
17      void panelInit() {
18          jL1=new JLabel("参数设置");
19          jL1.setBounds(140, 30, 120, 20);
20          jL1.setFont(new Font("宋体",Font.BOLD,20));
21          jL1.setForeground(Color.blue);
22          jL2=new JLabel("运算数据范围: 1-");
23          jL2.setBounds(80, 75, 110, 20);
24          jL3=new JLabel("选择运算: ");
25          jL3.setBounds(80, 105, 80, 20);
26          jT1=new JTextField(""+max,15);//使用文本框显示之前设置的最大值
27          jT1.setBounds(200, 75, 40, 20);
```

图 4-41 SetGame 类中的构造函数

```
 5  public class Game extends JFrame implements ActionListener{
 6      JLabel jL1;
 7      JButton jB1;
 8      JMenu fileMenu,systemMenu;
 9      JMenuItem startMenuItem,setMenuItem,helpMenuItem,exitMenuItem;
10      JMenuBar mbar;
11      Container winContainer;
12      static int max=20;//设置静态成员变量,可以被其他类引用
13      static int operator=2;
14
```

图 4-42 在 Game 类里定义静态成员变量

我们看下 Game 类的第 12 行和 13 行,我们定义了两个 static 类的整型成员变量,其他类可以通过"类名+成员变量名"来访问这些变量。

4.3.3.3 程序代码

类 SetGame 代码如下。

```java
import java.awt.*;
import java.awt.event.*;
import javax.swing.*;
class SetGame extends JPanel implements ActionListener{
    JLabel jL1,jL2,jL3;
    JTextField jT1;
    JRadioButton[]jR=new JRadioButton[3];
    ButtonGroup radioGroup;
    JButton jB1,jB2;
    int max=Game.max;//Game.max 引用 Game 类的成员变量 max
    int operat=Game.operator;
    public SetGame() {
        this.setLayout(null);
        panelInit();
    }
    void panelInit() {
        jL1=new JLabel("参数设置");
        jL1.setBounds(140, 30, 120, 20);
```

```java
jL1.setFont(new Font("宋体",Font.BOLD,20));
jL1.setForeground(Color.blue);
jL2=new JLabel("运算数据范围:   1-");
jL2.setBounds(80, 75, 110, 20);
jL3=new JLabel("选择运算: ");
jL3.setBounds(80, 105, 80, 20);
jT1=new JTextField(""+max,15);//使用文本框显示之前设置的最大值
jT1.setBounds(200, 75, 40, 20);
jR[0]=new JRadioButton("加减法",false);
jR[0].setBounds(80, 130, 70, 20);
jR[0].addActionListener(this);
jR[1]=new JRadioButton("加减乘法",false);
jR[1].setBounds(150, 130, 80, 20);
jR[1].addActionListener(this);
jR[2]=new JRadioButton("加减乘除法",false);
jR[2].setBounds(230, 130, 120, 20);
jR[2].addActionListener(this);
switch(operat) {
case 2:jR[0].setSelected(true);break;
case 3:jR[1].setSelected(true);break;
case 4:jR[2].setSelected(true);
}
radioGroup=new ButtonGroup();
radioGroup.add(jR[0]);
radioGroup.add(jR[1]);
radioGroup.add(jR[2]);
jB1=new JButton("确定");
jB1.setBounds(110, 175, 60, 20);
jB1.addActionListener(this);
jB2=new JButton("重置");
jB2.setBounds(200, 175, 60, 20);
jB2.addActionListener(this);
this.add(jB1);
this.add(jB2);
this.add(jL1);
this.add(jL2);
this.add(jL3);
this.add(jT1);
this.add(jR[0]);
this.add(jR[1]);
this.add(jR[2]);
}
public void actionPerformed(ActionEvent e) {
    if(e.getSource()==jB1) {//按确认按钮
        String s="";
        Game.max=Integer.parseInt(jT1.getText());//获得设置的最大值
        if (jR[0].isSelected()) {//获取单选按钮的选项值
            Game.operator=2;
            s="运算法则为: 加法和减法";
        }else if(jR[1].isSelected()) {
```

```
            Game.operator=3;
            s="运算法则为:加法、减法和乘法";
        }else {
            Game.operator=4;
            s="运算法则为:加法、减法、乘法和除法";
        }
        JOptionPane.showMessageDialog(this,"最大值设置为"+Game.max+"\n"+s,"设置成功",1);
        //设置成功的提示信息
    }else if(e.getSource()==jB2) {//按重置按钮,恢复默认值
        jT1.setText("20");
        jR[0].setSelected(true);
    }
  }
}
```

4.3.4 巩固提高

① 设计一个窗口,里面有两个文本框和一个按钮,在第一个文本框中输入一个数,当点击按钮时,在另一个文本框中显示该数字的平方根,要求能处理异常。

② 下面程序实现了在窗口中绘制一个以(70,70)为圆心,50 为半径,边框是绿色,圆心是红色的圆。请将程序补充完整。

```
class Exam extends Frame{
    public void paint(Graphics g){
        g.setColor(Color.green);
        g.drawOval(20,20,100,100);
        g.setColor(Color.red);
        _____;
    }
}
```

③ 下面的程序实现了在窗体的坐标(50,50)处以红色显示"红色文字",请将程序补充完整。

```
class Exam extends Frame{
    public void paint(Graphics g){
        _____;
        g.drawString("红色文字",50,50);
    }
}
```

4.3.5 课后习题

1. finally 语句块中的代码(   )。

A. 总是被执行

B. 当 try 语句块后面没有 catch 时,finally 中的代码才会执行

C. 异常发生时才执行

D. 异常没有发生时才被执行

2. 抛出异常应该使用的关键字是(   )。

A. throw   B. catch   C. finally   D. throws

3. 在异常处理中，将可能抛出异常的方法放在（　　）语句块中。
   A．throws　　　　　B．catch　　　　　C．try　　　　　D．finally
4. 使用 catch(Exception e)的好处是（　　）。
   A．只会捕获个别类型的异常
   B．捕获 try 语句块中产生的所有类型的异常
   C．忽略一些异常
   D．执行一些程序
5. 对于 try{……}catch 子句的排列方式，下列正确的一项是（　　）。
   A．子类异常在前，父类异常在后
   B．父类异常在前，子类异常在后
   C．只能有子类异常
   D．父类异常与子类异常不能同时出现
6. Java 中所有事件对象的基类是（　　）。
   A．java.lang.Object　　　　　　　B．java.util.EventObject
   C．java.util.Object　　　　　　　D．java.lang.EventObject
7. 事件类所在的包是（　　）。
   A．javax.swing.border　　　　　　B．java.util
   C．java.awt.event　　　　　　　　D．javax.swing.filechooser
8. 处理鼠标进入窗口时所产生鼠标事件的方法是（　　）。
   A．mouseMoved(MouseEvent)　　　　B．mousePressed(MouseEvent)
   C．mouseReleased(MouseEvent)　　　D．mouseEntered(MouseEvent)
9. 下列选项中，不属于键盘事件处理方法的是（　　）。
   A．keyDown(keyEvent)　　　　　　　B．keyPressed(keyEvent)
   C．keyReleased(keyEvent)　　　　　D．keyTyped(keyEvent)
10. 组件得到或失去焦点时所产生的事件是（　　）。
   A．MouseEvent　　　　　　　　　　B．FocusEvent
   C．TextEvent　　　　　　　　　　　D．KeyEvent

任务4.4　大显身手——开始游戏界面与功能完善

4.4.1　任务目标

本节主要任务是完成文件菜单下的【开始游戏】菜单项的相应功能，其功能主要通过类文件 StartGame.java 来完成。

> **需解决问题**
> 1. 接口与类的区别。
> 2. 进程与线程的区别。

4.4.2 技术准备

4.4.2.1 接口

Java 的面向对象程序设计的特征之一是继承，而在程序设计中继承只能够实现类间的单继承，在解决实际问题中，为了更好地提升 Java 程序的安全与效率，Java 提供了一种可以继承多个方法属性的技术，即接口。接口是 Java 中最重要的概念之一，它可以被理解为一种特殊的类，不同的是接口的成员没有执行体，是由全局常量和公共的抽象方法所组成的。

（1）接口的定义

Java 接口的定义方式与类基本相同，不过接口定义使用的关键字是 interface，接口定义的语法格式如下：

```
public interface 接口名 [extends 父类接口,……] {
    // 接口体，其中可以包含定义常量和声明方法
}
```

一个接口可以有多个直接父接口，但接口只能继承接口，不能继承类。如果要实现类继承接口就要使用 implement 关键词，一个类可以继承多个接口。接口具有以下 4 个特性。

① 具有 public 访问控制符的接口，允许任何类使用；没有指定 public 的接口，其访问将局限于所属的包。

② 方法的声明不需要其他修饰符，在接口中声明的方法，将隐式地声明为公有的（public）和抽象的（abstract）。

③ 在 Java 接口中声明的变量其实都是常量，接口中的变量声明，将隐式地声明为 public、static 和 final，即常量，所以接口中定义的变量必须初始化。

④ 接口没有构造方法，不能被实例化。

（2）接口与抽象类

接口的结构和抽象类很相似，也具有数据成员与抽象方法，但它又与抽象类不同。

1）接口与抽象类的相同点

① 都可以被继承。

② 都不能被直接实例化。

③ 都可以包含抽象方法。

④ 派生类必须实现未实现的方法。

2）接口与抽象类的不同点

① 接口支持多继承，抽象类不能实现多继承。

② 一个类只能继承一个抽象类，而一个类却可以实现多个接口。

③ 接口中的成员变量只能是 public static final 类型的，抽象类中的成员变量可以是各种类型的。

④ 接口只能定义抽象方法，抽象类既可以定义抽象方法，也可以定义实现的方法。

⑤ 接口中不能含有静态代码块以及静态方法（用 static 修饰的方法），抽象类可以有静态代码块和静态方法。

【例 4.43】 使用接口实现求和运算。

```
public class TestInterface {
    public static void main(String[] args) {
```

```java
        // 创建实现类的对象
        MathClass calc = new MathClass(3, 30);
        System.out.println("3 和 30 相加结果是: " + calc.sum());
        System.out.println("3 比较 30, 哪个大: " + calc.maxNum(3, 30));
    }
}

interface IMath {
    public int sum();                       // 完成两个数的相加
    public int maxNum(int a,int b);         // 获取较大的数
}

class MathClass implements IMath {
    private int num1;       // 第 1 个操作数
    private int num2;       // 第 2 个操作数
    public MathClass(int num1,int num2) {
        // 构造方法
        this.num1 = num1;
        this.num2 = num2;
    }
    // 实现接口中的求和方法
    public int sum() {
        return num1 + num2;
    }
    // 实现接口中的获取较大数的方法
    public int maxNum(int a,int b) {
        if(a >= b) {
            return a;
        } else {
            return b;
        }
    }
}
```

编译运行程序，运行结果为：

3 和 30 相加结果是：33
3 比较 30，哪个大：30

记一记：

4.4.2.2 线程

计算机的操作系统是多任务系统,即能够同时执行多个应用程序,例如我们所知道的 Windows、Linux、Unix、iOS、Android 等,操作系统负责对 CPU 等设备资源进行分配和管理,这些设备某一时刻只能做一件事,但以非常小的时间间隔交替执行多个程序,给人以同时执行多个程序的感觉。如果我们同时运行聊天程序的两个程序,这就是两个不同的进程。

(1)进程

进程是指处于运行过程中的程序,是系统进行资源分配和调度的一个独立单位。当程序进入内存运行时,即成为系统进程,它是程序的一次执行。进程是一个程序及其数据在处理机上顺序执行时所发生的活动。进程是程序在一个数据集合上运行的过程。程序设计中引入进程的目的是实现多个程序的并发执行,其特点如下。

① 动态性:进程最基本的特征。
② 并发性:进程的重要特征,也是操作系统的重要特征。
③ 独立性:进程是一个能独立运行、独立获得资源和独立接受调度的基本单位。
④ 异步性:进程按各自独立的、不可预知的速度向前推进。
⑤ 结构特性:从结构上看,进程由程序段、数据段及进程控制块三部分组成。

(2)线程

线程有时被称为轻量级进程,是程序执行流的最小单元。线程是进程的组成部分,一个进程可以拥有多个线程,而一个线程必须拥有一个父进程。线程可以拥有自己的堆栈、自己的程序计数器和局部变量,但不能拥有系统资源。线程的特点如下。

① 轻型实体:线程中的实体基本上不拥有系统资源,只有一点必不可少的、能保证独立运行的资源。
② 独立调度:线程是独立运行的,它不知道进程中是否还有其他线程存在。
③ 抢占式执行:线程的执行是抢占式的,即当前执行的线程随时可能被挂起,以便运行另一个线程。
④ 可并发执行:一个进程中的多个线程之间可以并发执行。
⑤ 共享进程资源:同一进程中的各个线程可以共享该进程的资源。

(3)线程与进程的区别

在操作系统中,同时运行的多个程序叫多进程。同一应用程序中,多条执行路径并发执行叫多线程。线程和进程的区别如下。

① 每个进程都有独立的代码和数据空间,进程之间的切换开销大。
② 线程是轻量级的进程,同一类线程共享资源,每个线程有独立的运行栈和程序计数器,线程之间的切换开销小。
③ 多进程是指在操作系统中能同时运行多个程序。
④ 多线程是指在同一应用程序中,多个顺序流同时运行。

(4)用 Thread 类创建线程

Java 的线程是通过 Thread 类来控制的,一个 Thread 类的对象就代表一个线程,通过线程对象我们可以实现控制暂停一段时间等功能。

【例 4.44】 Thread 创建线程。

```java
public class TestThread {
    public static void main(String[] args){
        new Thread1().run();
        while(true){
            System.out.println("Thread 运行！");
        }
    }
}
class Thread1{
    public void run(){
        while(true){
            System.out.println(Thread.currentThread().getName()+"运行！");
        }
    }
}
```

编译运行程序，运行结果如图 4-43 所示。

```
main运行！
main运行！
main运行！
main运行！
main运行！
main运行！
main运行！
main运行！
main运行！
main运行！
```

图 4-43 Thread 多线程

📝 记一记：

4.4.3 任务实施

4.4.3.1 任务要求

本任务是要完成开始游戏菜单项的功能，主要功能在 StartGame.java 中完成，其内容是整个项目的核心，也是项目的主要功能。其界面如图 4-44 所示。

项目 4 有用户界面的四则运算小游戏

图 4-44 四则运算小游戏界面

4.4.3.2 核心代码讲解

该模块设计思路如下。

① 首先获取参数设置里设置的最大值和运算规则。如图 4-45 所示。

```
13      int max=Game.max;           //获取运算式的最大值
14      int operat=Game.operator;    //获取运算规则
```

图 4-45 获取参数设置里设置的最大值和运算规则

② 根据最大值和运算规则，产生 10 个运算式，存放在字符串数组 question 中，并计算出每个式子的答案，存放在整型数组 result 中。如图 4-46 所示。

```
15   String []question=new String[10];  //存放10个随机产生运算式子
16   int []result=new int[10];          //存放运算式的结果
```

图 4-46 产生 10 个运算式

③ 定义一个 JLabel 数组 label 用于显示 10 个运算式，定义一个 JTextField 数组 text 用于用户输入答案。同时还要定义一个判断用户答案是否正确的 JLabel 数组 err，该数组一开始定义为空，待按"确定"按钮后再赋值。通过循环放置这些控件。如图 4-47 所示。

```
28          for(int i=0;i<10;i=i+2) {//通过循环增加试题
29              label[i]=new JLabel(question[i]);
30              label[i].setBounds(60, 60+10*i, 60, 15);
31              err[i]=new JLabel("");
32              err[i].setBounds(170, 60+10*i, 40, 15);
33              err[i].setForeground(Color.red);
34              text[i]=new JTextField("",20);
35              text[i].setBounds(120,60+10*i,40,15);
36              label[i+1]=new JLabel(question[i+1]);
37              label[i+1].setBounds(220, 60+10*i, 60, 15);
38              err[i+1]=new JLabel("");
39              err[i+1].setBounds(330, 60+10*i, 40, 15);
40              err[i+1].setForeground(Color.red);
41              text[i+1]=new JTextField("",20);
42              text[i+1].setBounds(280,60+10*i,40,15);
43              this.add(label[i]);
44              this.add(label[i+1]);
45              this.add(err[i]);
46              this.add(err[i+1]);
47              this.add(text[i]);
48              this.add(text[i+1]);
49          }
```

图 4-47 定义数值

④ 专门定义了一个 rand 方法用于生成随机的运算式，产生随机运算式受参数设置里的（最大值）max 和运算规则（operat）的值控制。operat 值为 2 时只产生加法和减法，值为 3

时只产生加法、减法和乘法,值为 4 时会产生加、减、乘、除法的式子,为了简化算法,这里的除法为整除。如图 4-48 所示。

```
89    void rand() {           //生成随机的运算式
90        int i,a,b,operator;
91        Random ran=new Random();
92        for(i=0;i<10;i++) {
93            a=ran.nextInt(max)+1      ;
94            b=ran.nextInt(max)+1      ;
95            operator=ran.nextInt(operat)+1  ;
96            switch(operator)    {
97                case 1:question[i]=a+"+"+b+"=";result[i]=a+b;break;
98                case 2:question[i]=a+"-"+b+"=";result[i]=a-b;break;
99                case 3:question[i]=a+"*"+b+"=";result[i]=a*b;break;
100               case 4:question[i]=a+"/"+b+"=";result[i]=a/b;
101           }
102       }
103   }
104 }
```

图 4-48 定义 rand 方法

⑤ 用户输入完答案后,按"提交"按钮后,调用事件处理程序,核对用户输入的结果是否正确,对于错误的答案给出提示。

对于用户的输入内容,一旦输入非数值型数据,转换成整型时一定会出现错误,这时我们通过 try 抛出异常处理程序进行处理。

确定按钮的事件处理程序如下所示。

```
public void actionPerformed(ActionEvent e) {
    if(e.getSource()==jB1)  {//按确认按钮时的处理程序
        for(int i=0;i<10;i++) {
            try {      //如果输入的不是数值类数据,进行异常处理
                if(result[i]!=Integer.parseInt(text[i].getText())) {
                    error++;
                    err[i].setText("错误")
                }
            }catch(NumberFormatException f) {
                JoptionPane.showMessageDialog(this,"输入有误","输入错误",2);
                error++;
                break;
            }
        }
        if(error==0) {
            JoptionPane.showMessageDialog(this,"真棒,全部答对了","恭喜",1);
        }
```

用户可以通过按重置按钮来重新加载一套新题,具体代码如图 4-49 所示。

```
77        }else if(e.getSource()==jB2) {//按重置按钮后重新产生新的试题
78            this.removeAll();
79            rand();
80            panelInit();
81            this.repaint();
82        }
```

图 4-49 按重置按钮重新加载一套新题

4.4.3.3 程序代码

StartGame.java 程序代码如下。

```java
import javax.swing.*;
import java.awt.*;
import java.awt.event.*;
import java.util.Random;
class StartGame extends JPanel implements ActionListener{
    JLabel label[]=new JLabel[10];
    JLabel jL1;
    JLabel err[]=new JLabel[10];
    JButton jB1,jB2;
    int error=0;
    JTextField text[]=new JTextField[10];
    int max=Game.max;              //获取运算式的最大值
    int operat=Game.operator;      //获取运算规则
    String []question=new String[10];    //存放 10 个随机产生运算式子
    int []result=new int[10];      //存放运算式的结果
    public StartGame() {
        this.setLayout(null);
        rand();
        panelInit();
    }
    void panelInit() {
        jL1=new JLabel("四则运算小游戏");
        jL1.setBounds(105, 20, 180, 20);
        jL1.setFont(new Font("宋体",Font.BOLD,20));
        jL1.setForeground(Color.blue);
        this.add(jL1);
        for(int i=0;i<10;i=i+2) {//通过循环添加试题
            label[i]=new JLabel(question[i]);
            label[i].setBounds(60, 60+10*i, 60, 15);
            err[i]=new JLabel("");
            err[i].setBounds(170, 60+10*i, 40, 15);
            err[i].setForeground(Color.red);
            text[i]=new JTextField("",20);
            text[i].setBounds(120,60+10*i,40,15);
            label[i+1]=new JLabel(question[i+1]);
            label[i+1].setBounds(220, 60+10*i, 60, 15);
            err[i+1]=new JLabel("");
            err[i+1].setBounds(330, 60+10*i, 40, 15);
            err[i+1].setForeground(Color.red);
            text[i+1]=new JTextField("",20);
            text[i+1].setBounds(280,60+10*i,40,15);
            this.add(label[i]);
            this.add(label[i+1]);
            this.add(err[i]);
            this.add(err[i+1]);
            this.add(text[i]);
            this.add(text[i+1]);
        }
        jB1=new JButton("提交");
        jB1.setBounds(100, 180, 70, 20);
        jB1.addActionListener(this);
```

```java
            jB2=new JButton("重置");
            jB2.setBounds(190, 180, 70, 20);
            jB2.addActionListener(this);
            this.add(jB1);
            this.add(jB2);
        }
        public void actionPerformed(ActionEvent e) {
            if(e.getSource()==jB1) {//按确认按钮时的处理程序
                for(int i=0;i<10;i++) {
                    try {       //如果输入的不是数值类数据，进行异常处理
                        if(result[i]!=Integer.parseInt(text[i].getText())) {
                            error++;
                            err[i].setText("错误");
                        }
                    }catch(NumberFormatException f) {
                        JOptionPane.showMessageDialog(this,"输入有误","输入错误",2);
                        error++;
                        break;
                    }
                }
                if(error==0) {
                    JOptionPane.showMessageDialog(this,"真棒，全部答对了","恭喜",1);
                }

            }else if(e.getSource()==jB2) {//按重置按钮后重新产生新的试题
                this.removeAll();
                rand();
                panelInit();
                this.repaint();
            }
        }
        void rand() {          //生成随机的运算式
            int i,a,b,operator;
            Random ran=new Random();
            for(i=0;i<10;i++) {
                a=ran.nextInt(max)+1  ;
                b=ran.nextInt(max)+1  ;
                operator=ran.nextInt(operat)+1  ;
                switch(operator)  {
                    case 1:question[i]=a+"+"+b+"=";result[i]=a+b;break;
                    case 2:question[i]=a+"-"+b+"=";result[i]=a-b;break;
                    case 3:question[i]=a+"*"+b+"=";result[i]=a*b;break;
                    case 4:question[i]=a+"/"+b+"=";result[i]=a/b;

                }
            }
        }
    }
```

主界面 Game.java 完善后的代码如下：

```java
import javax.swing.*;
import java.awt.*;
```

```java
import java.awt.event.*;
public class Game extends JFrame implements ActionListener{
    JLabel jL1;
    JButton jB1;
    JMenu fileMenu,systemMenu;
    JMenuItem startMenuItem,setMenuItem,helpMenuItem,exitMenuItem;
    JMenuBar mbar;
    Container winContainer;
    static int max=20;//设置静态成员变量,可以被其他类引用
    static int operator=2;

    public Game() {
        super("四则运算小游戏");
        startMenuItem=new JMenuItem("开始游戏");
        startMenuItem.addActionListener(this);
        setMenuItem=new JMenuItem("参数设置");
        setMenuItem.addActionListener(this);
        helpMenuItem=new JMenuItem("帮助");
        helpMenuItem.addActionListener(this);
        exitMenuItem=new JMenuItem("退出");
        exitMenuItem.addActionListener(this);
        fileMenu=new JMenu("文件");
        systemMenu=new JMenu("系统");
        mbar=new JMenuBar();
        fileMenu.add(startMenuItem);
        fileMenu.add(setMenuItem);

        systemMenu.add(helpMenuItem);
        systemMenu.addSeparator();//为菜单加横线分隔符

        systemMenu.add(exitMenuItem);
        mbar.add(fileMenu);
        mbar.add(systemMenu);
        this.setJMenuBar(mbar);//将制作的菜单显示在窗口里

        jL1=new JLabel("欢迎访问,请选择菜单");
        jL1.setBounds(80, 80, 200, 30);
        //jB1=new JButton("被按下偶数次");
        //jB1.setBounds(60, 60, 150, 30);
        //jB1.addActionListener(this);
        winContainer=this.getContentPane();
        winContainer.setLayout(null);
        winContainer.add(jL1);
        //winContainer.add(jB1);
        this.setSize(400,300);
        this.setLocation(200, 200);
        this.setVisible(true);

    }
    public static void main(String[] args) {
        // TODO Auto-generated method stub
```

```
            Game w2=new Game();
        }
    public void actionPerformed(ActionEvent e) {
        if(e.getSource()==exitMenuItem) {
            System.exit(0);
        }else if(e.getSource()==startMenuItem) {
            StartGame g1=new StartGame();//实例化游戏开始界面
            g1.setBounds(0,0,350,250);
            winContainer.removeAll();
            winContainer.add(g1);
            winContainer.repaint();

        }else if(e.getSource()==setMenuItem) {//当按下参数设置菜单项时触发该事件处理程序
            SetGame g2=new SetGame();//实例化设置界面
            g2.setBounds(0, 0, 350, 250);
            winContainer.removeAll();
            winContainer.add(g2);
            winContainer.repaint();

        }
    }
}
```

4.4.4 巩固提高

编写一个 Java 应用程序：

① 定义一个接口 CanCry，描述会吼叫的方法 public void cry()。

② 分别定义老虎类（Tiger）和猫类（Cat），实现 CanCry 接口。实现方法的功能分别为：打印输出"我是森林之王！""我是人类的好朋友！"。

③ 定义一个主类 Test，其中包含：

a. 定义一个 void makeCry(CanCry c)方法，其中让会吼叫的对象吼叫；

b. 在 main()方法中创建 Tiger 与 Cat 两个类的对象，再创建 Test 类对象，通过 Test 类对象调用 makecry()方法，使 Tiger 与 Cat 对象吼叫。

4.4.5 课后习题

1．一个 Java 程序运行后，在系统中这个程序便可以作为一个（　　）。
　A．线程　　　　　　B．进程　　　　　　C．进程或线程　　　　D．不可预知
2．线程是 Java 的（　　）机制。
　A．检查　　　　　　B．解释执行　　　　C．并行　　　　　　　D．并发
3．一个线程如果调用了 sleep()方法，能唤醒它的方法是（　　）。
　A．notify()　　　　　B．resume()　　　　C．run()　　　　　　　D．以上都不是
4．下列有关抽象类与接口的叙述中正确的是（　　）。
　A．抽象类中必须有抽象方法，接口中也必须有抽象方法

B．抽象类中可以有非抽象方法，接口中也可以有非抽象方法
C．含有抽象方法的类必须是抽象类，接口中的方法必须是抽象方法
D．抽象类中的变量定义时必须初始化，而接口中不是

5．关于接口的定义和实现，以下描述正确的是（　　）。

A．接口定义的方法只有定义没有实现
B．接口定义中的变量都必须写明 final 和 static
C．如果一个接口由多个类来实现，则这些类在实现该接口中的方法时采用统一的代码
D．如果一个类实现接口，则必须实现该接口中的所有方法，但方法未必声明为 public

6．下列说法中正确的是（　　）。

A．线程中包括线程　　　　　　　　　B．Java 线程模型由代码和数据组成
C．进程是轻型的线程　　　　　　　　D．线程必须在进程中运行

7．下列说法中错误的是（　　）。

A．线程就是进程
B．线程是一个程序的单个执行流
C．多线程用于实现并发程序设计
D．多线程是指一个程序的多个执行流

8．下列关于 Java 线程模型的说法中，错误的是（　　）。

A．线程的代码可以被多个线程共享
B．线程的数据可以被多个线程共享
C．线程模型所包含的 CPU 是计算机的物理 CPU
D．线程模型由 java.lang.Thread 类描述

9．接口是 Java 面向对象的实现机制之一，以下说法正确的是（　　）。

A．Java 支持多重继承，一个类可以实现多个接口
B．Java 只支持单重继承，一个类可以实现多个接口
C．Java 只支持单重继承，一个类可以实现一个接口
D．Java 支持多重继承，但一个类只可以实现一个接口

10．为了使线程之间同步，建议使用的方法是（　　）。

A．start()和 stop()　　　　　　　　　B．suspend()和 resume()
C．wait()和 notify()　　　　　　　　　D．join()和 resume()

参 考 文 献

[1] 凯 S. 霍斯特曼科. Java 核心技术 卷 I 基础知识（原书第 11 版）[M]. 北京：机械工业出版社，2014.
[2] 王保罗. Java 面向对象百程序设计[M]. 北京：清华大学出版社，2003.
[3] 毕广吉. Java 程序设计实例教程[M]. 北京：冶金工业出版社，2007.
[4] 孙卫琴. Tomcat 与 JavaWeb 开发技术详解[M]. 第 2 版. 北京：电子工业出版社，2008.
[5] 刘涛，闵鹏瑾，肖汉. 基于 JAVA 的小学数学四则运算教学系统的设计与实现[J]. 计算机与数字工程，2018，46（04）：655-658，685.
[6] 吴锦涛，薛益鸽. Java 语言的桌面程序开发——以推箱子为例[J]. 智能计算机与应用，2018，8（02）：179-183.
[7] 许益凡，薛益鸽. 基于 JAVA 平台的魔塔游戏设计[J]. 智能计算机与应用，2018，8（03）：235-239，243.